Artgerechte Vogelfütterung im Winter

Dr. Werner Keil

Die Tiersprechstunde

Artgerechte Vogelfütterung im Winter

FALKEN

In der Reihe »Tiersprechstunde« sind bisher erschienen:
»Tiere im Wassergarten« (Nr. 808)
»Alles über Meerschweinchen« (Nr. 809)
»Alles über Igel in Natur und Haus« (Nr. 810)
»Junge Katzen« (Nr. 862)
»Sittiche und kleine Papageien« (Nr. 864)
»Alles über Zwerg- und Goldhamster« (Nr. 1012)
»Gesunde Fische im Süßwasseraquarium« (Nr. 1013)

CIP-Titelaufnahme der Deutschen Bibliothek

Keil, Werner:
Artgerechte Vogelfütterung im Winter / Werner Keil. –
Niedernhausen/Ts.: FALKEN 1989
(FALKEN Bücherei) (Die Tiersprechstunde)
ISBN 3–8068–0908–9

ISBN 3 8068 0908 9

Titelbild: Manfred Danegger, Überlingen
Fotos: Toni Angermayer, Holzkirchen: S. 1 (R. Schmidt), 3 re. o. (R. Schmidt), 3 re. u. (R. Schmidt), 6 und 7 (R. Schmidt), 12 (H. Reinhard)
Manfred Danegger, Überlingen: S. 2, 3 re. u., 9, 10, 13, 15, 16, 18, 22, 29, 34, 36, 38, 40, 42 li., 43, 47, 50 u., 55, 56
Heinz Schrempp, Breisach-Oberrimsingen: S. 53 re.
Silvestris Fotoservice, Kastl/Obb.: S. 42 li. (M. Danegger), 44, 50 (J. Schiersmann), 57 (Brandl)
Georg Wendl, Puchheim: S. 3 li. o., 14, 25, 45, 46, 48, 49, 52, 53 li., 54, 58, 59
Konrad Wothe, München: S. 3 li. u., 19, 24, 28
Zeichnungen: Gerhard Wawra, Wiesbaden

Satz: Main-Taunus-Satz Giebitz + Kleber GmbH, Eschborn
Druck: Zumbrink Druck GmbH, Bad Salzuflen

817 2635 4453 6271

Inhalt

Winterfütterung – ein Problem?

Einige Worte zuvor

Seit über hundert Jahren widmen sich Vogelschützer der Winterfütterung einheimischer Vögel. Mittlerweile gehen die Ansichten über »Sinn« bzw. »Unsinn« der Fütterung im Winter auseinander, wenngleich sie auch weiter betrieben und ihren Stellenwert bei der Bevölkerung kaum einbüßen wird. In jedem Falle sprechen für sie erzieherische und soziale Gesichtspunkte: Zu keiner Zeit des Jahres lassen sich Vögel so gut aus nächster Nähe beobachten wie in der kalten Jahreszeit an einer sachgemäß erstellten und eingerichteten Futterstelle. Zudem bildet der enge Kontakt mit unserer Vogelwelt bei vielen Menschen das Verständnis für Maßnahmen des Arten- und Biotopschutzes aus.
Das vorliegende Büchlein hat es sich zur Aufgabe gemacht, allen Interessierten zu vermitteln, wie artgemäßes Futter am richtigen Futterplatz eingebracht werden kann und die Futterstelle zweckentsprechend hergerichtet und betreut wird. Ebenso will das Buch Anregungen zur Selbstherstellung des Futters und zum Eigenbau der Futtergeräte geben. Eine Futterstelle kann zu einer »Todesfalle« werden, wenn ungeeignetes Futter gereicht wird oder durch Verkotung Infektionsgefahr besteht.
Im Mittelpunkt der Ausführungen steht dabei die Winterfütterung im unmittelbaren Wohnungsbereich oder auf dem eigenen Grundstück. Wer weitergehende Informationen über Futterplätze im offenen Siedlungsbereich oder Wald wünscht, sei auf das Literaturverzeichnis am Ende des Buches verwiesen.

Blaumeisen an Futterknödeln

Über Sinn und Unsinn der Winterfütterung

Früher war die Winterfütterung (neben dem Aufhängen von Nistgeräten für höhlenbrütende Vögel) eine der vordringlichsten Vogelschutzarbeiten des Jahres. Keine ältere Publikation über Vogelschutzmaßnahmen verzichtete auf das Thema Winterfütterung als einen wichtigen Beitrag zum Überleben während der futterarmen Jahreszeit. Diese Auffassung findet heute nicht mehr ungeteilte Zustimmung.

Auf Grund der heute bekannten ökologischen Zusammenhänge stehen Biologen auf dem Standpunkt, daß die bei uns überwinternden Vogelarten keine »Überlebenshilfe« benötigen, um die Unbilden des Winters zu überstehen. Diese Vogelarten sind durch eine natürliche Auslese an unsere Bedingungen angepaßt. Hinzu kommt, daß von der Winterfütterung meist nur diejenigen Vogelarten profitieren, deren Populationen nicht bedroht sind. Man findet sie daher auch nicht auf der »Roten Liste der bestandsgefährdeten Vogelarten«. Es seien hier stellvertretend lediglich Kohlmeise, Blaumeise, Kleiber, Amsel, Rotkehlchen, Grünfink und Buchfink genannt. Man konnte nachweisen, daß bei einer ganzen Reihe von Vogelarten bis zu 70 % der Jungen den Winter nicht überleben und daß die Anzahl der verbleibenden Jungvögel dennoch ausreicht, um den Fortbestand der Art zu sichern. Überleben von diesen Vogelarten dank eifriger Winterfütterung zu viele Individuen, dann wird unter anderem der Konkurrenzdruck innerhalb der einzelnen Vogelpopulationen im folgenden Frühjahr größer, das Nahrungsangebot infolgedessen knapper und letztlich der Bruterfolg der Paare geringer.

Auf der anderen Seite gibt es keine eindeutigen Beweise dafür, daß durch die Winterfütterung längerfristig eine deutliche Bestandszunahme dieser Vogelarten zu verzeichnen ist. Wie auch immer: In jedem Falle steht das Resultat in keinem Verhältnis zu der Geldsumme (in der Bundesrepublik Deutschland mehr als 100 Millionen DM), die in jedem Jahr unter dem Aspekt »Hilfe für die hungernde Vogelwelt« aufgewendet wird. Unter diesem Gesichtspunkt wird den einheimischen Vogelarten am besten durch gezielte Maßnahmen zum Schutz, zur Erhaltung und zur Optimierung ihrer Lebensräume geholfen. Auf diesen Erkenntnissen beruht auch die neuerdings immer häufiger vertretene Auffassung, daß der Biotopschutz die beste Winterfütterung sei. Vogelarten, die die »Rote Liste« aufführt, sind vor allem dadurch bestandsbedroht, daß ihnen durch menschliche Eingriffe die Lebensgrundlagen verringert oder gar entzogen wurden.

Allerdings gibt es auch Stimmen, die eine sachgemäße Winterfütterung als Überlebenshilfe durchaus für sinnvoll halten. Diese Meinung wird vor allem von Tierschützern und Jägern vertreten. Letztere sind sogar gesetzlich verpflichtet, im Rahmen von Hegemaßnah-

Kohl- und Tannenmeise zanken um den besten Platz an einem Futterknödel

men auch eine Winterfütterung von jagdbaren Tierarten (unter anderem Rebhuhn, Fasan) zu betreiben. Aber auch dieses wird in neuerer Zeit sehr kontrovers diskutiert.

Nun kann man die Winterfütterung noch aus einer ganz anderen Perspektive betrachten. Zu keiner anderen Jahreszeit lassen sich Vögel so gut aus nächster Nähe beobachten wie zur Winterzeit an einer Futterstelle. Besonders Stadtbewohner finden über die Winterfütterung oft den einzigen Kontakt zur Vogelwelt und letztlich auch zur Natur. Kinder können durch die Beobachtung und Betreuung der Vögel am Futterplatz an die Vogelwelt herangeführt werden. Und viele alte und vor allem einsame Menschen erhalten auf diese Weise noch eine Verbindung zur sie umgebenden Natur aufrecht, erfreuen sich am munteren Treiben der Futterhausbesucher und werden dadurch von ihren täglichen Sorgen abgelenkt. Gleiches gilt für kranke Menschen (therapeutischer Vogelschutz).

Schließlich fördert das bunte Treiben an einer Futterstelle nicht nur das Verständnis für das Verhalten einzelner Vogelarten, sondern auch das Verständnis für die Notwendigkeit von heute so dringend erforderlichen Naturschutzmaßnahmen.

Ausgehend von den oben genannten Gesichtspunkten wird die Winterfütterung, trotz heißer Diskussion um das »Pro und Kontra«, ihre Aufgabe im Bereich des Vogelschutzes behalten. Sie ist vor allem erzieherischen und bei älteren Menschen auch sozialen Gesichtspunkten zuzuordnen.

Eine sachgerechte und maßvolle Fütterung im Winter schädigt unsere Vögel nicht, weshalb nicht auf sie verzichtet zu werden braucht. Eine Fütterung im Sommerhalbjahr ist jedoch in jedem Falle zu unterlassen. Dieser Grundsatz gilt vor allem während der Aufzucht der Nestlinge, da dies für sie tödlich sein könnte.

Futterplätze und Futtermittel

Fütterung im Siedlungsbereich

Im Winter können Vögel praktisch an jedem Ort gefüttert werden. Durch ihr Flugvermögen ist es ihnen zumindest theoretisch möglich, jede Futterstelle zu erreichen. Wer jedoch in seinem Garten, auf der Terrasse oder vor dem Küchenfenster füttern möchte, wird schnell erkennen, daß nicht alle Vögel dieselbe Stelle annehmen. Der Ort der Fütterung ist daher ebenso wichtig wie das angebotene Futter. Einige Vogelarten öffnen ohne Mühe Sonnenblumensamen, um an den Kern zu kommen; andere quetschen den Hanfsamen zwischen Ober- und Unterschnabel so lange, bis die Schale in zwei Hälften zerspringt und der Samen gefressen werden kann. Manche Vögel können weder das eine noch das andere, weil ihr Schnabel zu dünn und lang ist. Sie bevorzugen Beeren oder Haferflocken, d.h. relativ zarte und weiche Nahrungsstoffe, die sie entweder in kleine Stückchen zerteilen oder als Ganzes hinunterschlucken. Ferner bevorzugen bestimmte Arten hochgestellte Futterhäuser, während andere ausschließlich Futterstellen am Boden aufsuchen. Wieder andere klammern sich gerne an frei aufgehängte Futterballen oder nehmen Futtergemische, die vor der Abkühlung des Fettzusatzes auf borkige Bäume aufgetragen wurden. Grundsätzlich ist bei der Wahl des Ortes darauf zu achten, daß die Vögel störungsfrei beobachtet werden können. Nur wer sich hierüber Gedanken macht, kann seine Vorstellungen realisieren.

Die meisten Vogelliebhaber richten die Futterstelle in der Nähe der Wohnung ein. Hier bieten sich die Fensterbank vor dem Küchen- oder Wohnzimmerfenster, der Balkon, die Terrasse, der Vorgarten oder eine ähnlich gut einsehbare Stelle an. Dabei ist die Artenvielfalt der Futtergäste im besiedelten Bereich natürlich von der Lage der Wohnung bzw. des Wohnhauses abhängig. In der Innenstadt mit meist wenigen oder gänzlich fehlenden Grünanlagen ist die Artenzahl der zum Futterhaus kommenden Vögel weit geringer als in den Außenbezirken, etwa am Waldrand oder in der Nähe einer Park- oder Friedhofsanlage. Wie die jüngere Vergangenheit gezeigt hat, kann die Winterfütterung im geschlossenen Siedlungsbereich, vor allem an größeren Mietshäusern, problematisch sein, da sich Nachbarn durch heruntergefallene Futterreste oder Verunreinigungen belästigt fühlen. Zwischenzeitlich gibt es sogar Gerichtsurteile, denenzufolge der Hauseigentümer die Einrichtung von Futterstellen auf dem Sims oder Balkon verbieten kann. Es ist deshalb empfehlenswert, die Winterfütterung vorher mit dem Vermieter und eventuell »betroffenen« Mitbewohnern tieferliegender Stockwerke abzustimmen. Sicher werden Sie dann auf Verständnis stoßen. Achten Sie jedoch darauf, daß sich keine verwilderten Haustauben einfinden, da deren Anwesenheit schon zu zahllosen Mißhelligkeiten mit der Nachbarschaft geführt hat.

Die Artenvielfalt der Futtergäste hängt vom Standort der Futterstelle ab

In jedem Fall sollte man den Futterplatz täglich reinigen und auf Sauberkeit achten. Darüber hinaus sollte man nur auf solche Futtergeräte zurückgreifen, die den Vögeln zwar die Futteraufnahme ermöglichen, sie jedoch zwingen, die Nahrung an anderer Stelle zu sich zu nehmen. So werden im Handel z. B. Silofutterhäuser angeboten, die sich für diesen Zweck gut eignen.

Übrigens: Um die oben skizzierten Schwierigkeiten von vornherein auszuschließen, können die Hausbewohner vor oder hinter dem Haus gemeinschaftlich mehrere Futterstellen anlegen. Auf diese Weise kann jeder Hausbewohner die Vögel am Futterplatz beobachten und bei der Betreuung mithelfen.
Die Vogelarten, die im Siedlungsbereich unsere Futterstellen besuchen, sind vornehmlich Singvögel. Sie lassen sich aus dem Blickwinkel der Winterfütterung in zwei Gruppen einteilen: Körnerfresser und Weichfresser.

Körnerfresser

Hierzu gehört die artenreiche Familie der Finken, die mit ihrem kräftigen, kegelförmigen Schnabel die Hüllen aller Sämereien aufzubrechen vermögen. Aber auch die Meisen mit ihrem spitzen und robusten Schnabel können Sämereien zwischen die Zehen klemmen, aufhacken und dann verzehren. Kleiber und Spechte sind darin wahre Meister. Während die meisten Finkenvögel und auch Sperlinge in der warmen Jahreszeit ebenfalls Sämereien bevorzugen, leben Meisen, Spechte und Kleiber dann vor allem von Insekten.
Im wesentlichen handelt es sich bei den Körnerfressern um folgende Arten: Buchfink, Grünfink, Dompfaff (Gimpel), Kernbeißer, Zeisig, Bergfink, Haussperling, Feldsperling, Kohlmeise, Blaumeise, Sumpfmeise, Tannenmeise, Haubenmeise, Kleiber (Spechtmeise), Spechte (vor allem der Buntspecht).
Den Grundstock für ihre winterliche Nahrung bilden Sonnenblumenkerne und Hanf. Es empfiehlt sich eine Mischung aus Sonnenblumenkernen und Hanf im Verhältnis drei zu eins. Aber auch Samen anderer Pflanzen werden gefressen, z. B. Mohn und Lein. Darüber hinaus werden auch Körnermischungen mit Fettzusätzen, (z. B. Futterkugeln, Meisenglocken, Meisenringe) angenommen. Frei aufgehängte Flomenstücke (nicht ausgelassenes Schweinebauchfett) sind bevorzugte Futterquellen von Meisen, Kleibern und Spechten.

Zwei streitbare Gesellen: Kleiber und Kohlmeise

Weichfresser

In die Gruppe der Weichfresser sind Arten sehr unterschiedlicher Vogelfamilien einzuordnen. Auf Grund ihres meist dünnen und feinen Schnabels sind sie nur eingeschränkt in der Lage, Sämereien zu öffnen. Da sie ihre Nahrung gewöhnlich am Boden oder in Bodennähe suchen, sollte der Futterplatz dort entsprechend angelegt werden. Auch beerentragende Sträucher sind beliebte Nahrungsquellen. Eine Besonderheit stellen die beiden Baumläuferarten dar, die an borkiger Rinde von dicken Ästen nach Nahrung suchen.

Der Seidenschwanz – ein schmucker Wintergast aus dem Norden

Zu den Weichfressern am Futterhäuschen zählen: Zaunkönig, Heckenbraunelle, Rotkehlchen, Star, Amsel, Wacholderdrossel, Garten- und Waldbaumläufer. In Invasionsjahren kann auch mit dem Seidenschwanz gerechnet werden.
Wesentliche Bestandteile der Futtermischung für diese Vogelarten sind Haferflocken, getrocknete Beeren jeder Art (vor allem von Ebereschen), Mohn, Rosinen, ganze Äpfel und Gemische aus Kleie, Haferflocken und Fett. Diese Mischung kann man selbst herstellen.

Gelegenheitsgäste

Neben den »klassischen« Körner- und Weichfressern sind im Siedlungsbereich eine Reihe weiterer Vogelarten mehr oder weniger häufig als Gäste zu erwarten. Hierher gehören die verwilderte Haustaube und die Türkentaube, die beide sowohl Körner- als auch Weichfutter nehmen. Manchmal lassen sich Eichelhäher und Elster sehen; sie sind besonders an ausgelegten Fettfuttermischungen interessiert. Aber auch Rotdrossel, Goldammer, Wintergoldhähnchen, Feld- und Haubenlerche können, je nach Standort der Futterstelle, als Gelegenheitsgäste angetroffen werden.

Wasservögel

Stockenten auf einem zugefrorenen See

Im Winterhalbjahr sucht eine Reihe wassergebundener Vogelarten verstärkt Wasserflächen im besiedelten Raum auf. Dabei handelt es sich im wesentlichen um Stockenten, Bläßhühner, Teichhühner, Höckerschwäne und Lachmöwen. In Küstennähe kommen weitere Enten-, Gänse- und Möwenarten dazu. Lachmöwen haben die Angewohnheit, Straßenzeilen entlangzufliegen und das aus den Fenstern in die Luft geworfene Futter aufzunehmen. Die wesentliche Futterquelle der bei uns überwinternden Lachmöwen sind jedoch Hausmülldeponien.

Problematisch wird es, wenn die von diesen Vogelarten besiedelten Wasserflächen zufrieren. In einem solchen Falle muß an geeigneten Stellen ein freier Zugang zur Wasserfläche geschaffen werden. Diese Arbeit sollte man allerdings in jedem Fall den zuständigen Dienststellen der jeweiligen Stadt- oder Gemeindeverwaltung überlassen (z. B. wegen der Unfallgefahr durch Einbrechen in die Eisdecke).

Als Futter für diese Vogelarten können altes Brot, Haferflocken, zerquetschtes oder angekeimtes Getreide (z. B. Walzhafer, Bruchreis, gekochte Kartoffelstücke und gehackte Nüsse) gereicht werden. Entsprechende Futterstellen lassen sich leicht an gut zugänglichen Uferpartien einrichten.

Greifvögel und Eulen

Eine Fütterung von Greifvögeln und Eulen im besiedelten Bereich ist in den meisten Fällen nicht möglich. Turmfalke und Schleiereule, die sich das ganze Jahr über in diesem Lebensraum aufhalten und hier brüten, brauchen im allgemeinen nicht gefüttert zu werden, da sie selbst genügend Beute, in der Hauptsache Mäuse, finden. Gelegentlich kommt es im Winterhalbjahr in Anlagen, Baumalleen oder an ähnlichen Plätzen zu Ansammlungen von Waldohreulen; mitunter sitzen 50 und mehr Vögel in einem Baum. Auch diese Vögel finden ausreichend Nahrung. Eine Fütterung würde die Tiere, die tagsüber ruhen oder schlafen, nur stören.

Wie David und Goliath stehen sich Rotkehlchen und Mäusebussard am Futterplatz gegenüber

Vogelfütterung in Feld und Wald

Vögel in der freien Landschaft sollte nur derjenige füttern, der an der Futterstelle gezielt der Vogelbeobachtung nachgehen möchte. Eine Fütterung unter biologischen Gesichtspunkten ist auch hier weder angebracht noch notwendig. Ungeachtet dieser Einschränkung muß aber gesagt werden, daß die Artenvielfalt in der freien Landschaft natürlich viel größer ist, da sich auch Vogelarten einstellen, die den besiedelten Bereich weitgehend meiden. Je nach Auswahl des angebotenen Futters können folgende Arten auftreten: Rebhuhn, Fasan, Buntspecht, Mittelspecht, Kleinspecht, Grünspecht, Grauspecht, Haubenlerche, Feldlerche, Seidenschwanz, Heckenbraunelle, Rotkehlchen, Amsel, Wacholderdrossel, Rotdrossel, Singdrossel, Kohlmeise, Blaumeise, Haubenmeise, Tannenmeise, Weidenmeise, Schwanzmeise, Kleiber, Goldammer, Buchfink, Bergfink, Grünfink, Zeisig, Dompfaff, Kernbeißer, Haussperling, Feldsperling, Eichelhäher, Elster, Wald- und Gartenbaumläufer, Wintergoldhähnchen.

Während an der Bodenfutterstelle im Feld alle Arten von Körnern (z. B. Druschabfälle) und Weichfutter nebeneinander ausgelegt werden können, sollte das hochgestellte Futterhaus vornehmlich mit Körnerfutter versehen werden. Darüber hinaus lohnt es sich hier ganz besonders, Futtergemische mit Fettzusätzen aufzuhängen und ein derartiges Gemisch auch in Baumritzen einzubringen. Je vielgestaltiger das Areal mit Futter unterschiedlicher Art versorgt wird, um so zahlreicher sind die zu beobachtenden Vogelarten.

Es empfiehlt sich, die Anlage einer Vogelfutterstelle im Wald in jedem Falle vorher mit dem zuständigen Forstbeamten abzusprechen. Die Forstbehörden nämlich haben die früher weit verbreitete Vogelfütterung als »Überlebenshilfe« fast überall aufgegeben und verwenden die zur Verfügung stehenden finanziellen Mittel zum Arten- und Biotopschutz. Eine Fütterung wildlebender, jagdbarer Vogelarten (dies gilt übrigens auch für Säugetiere) sollte man gänzlich der Jägerschaft überlassen, die dies im Rahmen der gesetzlich vorgeschriebenen Wildhege ohnehin tun muß – erkennbar an den Wildfutterstellen für Fasane und Rebhühner. Eine Fütterung wassergebundener Vogelarten erübrigt sich in Feld und Wald; gleiches gilt für Greifvögel und Eulen. Diese Arten brauchen nur dann gefüttert zu werden, wenn sie durch extreme winterliche Verhältnisse ihre natürlichen Futterquellen nicht mehr erreichen können (z.B. durch zugefrorene Wasserflächen). Direkt von einer über einen längeren Zeitraum geschlossenen Schneedecke sind Mäusebussard und Eulen betroffen. In solchen Fällen kann man aber davon ausgehen, daß die zuständigen Vogelschutzorganisationen auf diese Situation hinweisen und dann »vor Ort« eine fachgerechte Betreuung vornehmen.

Artgerechte Winterfütterung

Futtergeräte und Futterstellen

Der Fachhandel (Zoo- oder Gartenfachgeschäfte) bietet Futtergeräte in allen Größen, Farben und Formen an. Futterhäuser können aus Holz oder Kunststoff bestehen, ein Strohdach haben, oder, wie beim Silofutterhaus, Seitenwände aus Glas. Jeder kann hier nach seinem Geschmack wählen. Dabei bleibt allerdings die Frage offen, ob diese Futtergeräte auch artgerechten Anforderungen entsprechen. Deshalb sollte man beim Kauf einige Grundvoraussetzungen beachten.

Zunächst einmal muß das Futterhaus so konstruiert sein, daß Schnee und Regen das Futter nicht durchnässen können. Durch die Konstruktion sollte außerdem ausgeschlossen sein, daß das Futter durch Vogelkot unnötig verschmutzt wird, da es sonst recht schnell zu einer Salmonelleninfektion kommen kann und das Futterhaus zu einer Todesfalle für die Vögel wird. Die Einrichtung mehrerer kleinerer Futterstellen ist daher weit besser als die Anlage einer großen. Freihängende Futtersilos und Futterbehälter (mit Anflugmöglichkeiten von möglichst mehreren Seiten) erfüllen diese Bedingungen am besten. Aufgehängte Körnerfettgemische sind ebenfalls gut geeignet. Oft werden diese Gemische in engmaschigen Plastiknetzen angeboten. Hier besteht die Gefahr, daß sich die Vögel mit den Beinen in den Netzmaschen verheddern.

Gute Dienste leisten auch Fensterfutterhäuser, die man aus Hygienegründen allerdings mit einer Plastikfolie auslegen sollte (gegen ein Verrutschen sichern!), die des öfteren gewechselt wird.

Käufliche Bodenfutterstellen gehören erst neuerdings zum handelsüblichen Sortiment, werden jedoch nur selten angeboten. Im allgemeinen ist man hier immer noch auf den Eigenbau angewiesen. Ein solcher Futterplatz muß ebenfalls einige wichtige Grundvoraussetzungen erfüllen. Neben dem Schutz vor Nässe (das Futter nicht auf den Erdboden schütten, sondern auf Bretter oder Dachpappe) und Salmonelleninfektio-

Freihängende Futterstellen erfüllen die Hygienevoraussetzungen am besten

nen (Auslegen von Plastikfolie) muß man dafür sorgen, daß die Vögel nicht von streunenden Katzen oder anderen Feinden erbeutet werden können. Deshalb sollte die Bodenfutterstelle immer einige Meter vom nächsten Gebüsch entfernt liegen. Außerdem muß die Bodenfutterstelle nach zwei Seiten offen sein, damit den Vögeln bei Gefahr ein Fluchtweg bleibt.

Infektionsherde

Immer wieder kann man an Futterstellen tote Vögel finden. Das ist zwar aus menschlicher Sicht bedauernswert, gehört aber, solange keine Krankheiten dafür verantwortlich sind, zum natürlichen Prozeß der Auslese.

Aufmerksamere Beobachter erkennen kranke Vögel schon an ihrem Verhalten. Diese sitzen meist teilnahmslos und aufgeplustert (mit gesträubtem Federkleid) in der Nähe des Futterhauses herum. Außerdem verringert sich ihre Fluchtdistanz, was sich in einer scheinbaren Zahmheit dokumentiert. Ferner sondern die Vögel flüssigen, im fortgeschrittenen Stadium auch blutigen Kot ab. Ist das vorgelegte Futter in einwandfreiem Zustand, kann man davon ausgehen, daß sich der Vogel eine Salmonelleninfektion zugezogen hat. Zwar mindert Sauberkeit am Futterplatz die Ansteckungsgefahr, beseitigt sie aber keineswegs, denn der Krankheitserreger wird mit dem Kot abgesetzt und bei einer Verschmutzung mit der Nahrung wieder aufgenommen. Je mehr Vögel eine Futterstelle aufsuchen, desto größer wird die Infektionsgefahr. Um große Vogelkonzentrationen zu vermeiden, sollten Sie mehrere kleinere Futterstellen einrichten; dadurch verringert sich die Gefahr einer Krankheitsübertragung erheblich.

Unter keinen Umständen sollte man derart erkrankte Vögel mit in die Wohnung nehmen, da auch für Mensch und Haustier eine Infektionsgefahr besteht. Wenn Sie an der Futterstelle einen toten Vogel gefunden haben, stellen Sie die Fütterung unverzüglich ein. Anschließend reinigen Sie den Futterplatz oder das Futterhaus gründlich und nehmen die Fütterung erst nach einigen Tagen wieder auf – möglichst an einer anderen Stelle.

Feinde

Eine konzentrierte Ansammlung von Vögeln am Futterplatz zieht beinahe zwangsläufig die Aufmerksamkeit von natürlichen Feinden auf sich – ein aus biologischer Sicht ganz normaler Vorgang. Meistens jedoch handelt es sich dabei um die Katze des Nachbarn, den man auf diesen Umstand aufmerksam machen sollte. Im allgemeinen kann mit dessen Verständnis gerechnet werden. Allerdings haben auch diesbezüglich schon des öfteren die Gerichte entscheiden müssen, mal für, mal gegen den Katzenhalter. Der beste Weg ist und bleibt das persönliche Gespräch. Man kann ja z.B. den Vorschlag machen, der Katze bei ihren »Streifzügen« ein Halsband mit einem Glöckchen umzuhängen.

Aber auch Sperber und Turmfalke versuchen, an Futterstellen Beute zu schlagen – ebenfalls zum Verdruß der Vogelliebhaber. Hier liegt eine ganz andere Situation vor. Während Katzen als Haustiere nicht auf »Beutemachen« angewiesen sind, können Greifvögel und andere natürliche Feinde unseres Vogelvolkes nicht überleben, wenn sie sich nicht ihre tägliche Nahrung beschaffen. Sperber und Turmfalke sollte man das Beuteschlagen an solchen Stellen also auf keinen Fall verwehren.

Es muß in diesem Zusammenhang auch unmißverständlich darauf hingewiesen werden, daß die Jagd auf solche Vögel aus Artenschutzgründen streng verboten ist.

Trink- und Badegelegenheiten

Während des Winters ist es für viele Vögel nicht einfach, an Trinkwasser zu kommen oder ein Bad zu nehmen. Viele Menschen sind daher der Meinung, man müsse für eine Badegelegenheit mit lauwarmen Wasser sorgen. Dies ist falsch! Schnee, Rauhreif und kleine Eiszapfen bieten den Vögeln genügend Möglichkeiten, ihren täglichen Wasserbedarf zu decken. Außerdem kann man immer wieder Vögel beobachten, die ein Schneebad nehmen, was in dieser Jahreszeit auch völlig ausreicht. Ein Becken mit Wasser würde nur zum Baden verleiten (wie ich schon verschiedentlich feststellen konnte) und hätte bei Minusgraden leicht zur Folge, daß das Gefieder gefriert. Dadurch würde die wärmeisolierende Wirkung des Federkleides herabgesetzt, und der Vogel könnte sich unterkühlen oder erfrieren. Aus all diesen Gründen sollte auf das Anbieten einer Trink- und Badegelegenheit völlig verzichtet werden.

Das richtige Futter

Futtermischungen zum Selbermachen

Um die kalten Wintermonate überstehen zu können, benötigen unsere einheimischen Vögel artgerechtes Futter. Diesen Tatbestand sollte man sich immer vor Augen halten, denn Vögel sind keine Verwerter von Essensresten. Man kann immer wieder beobachten, daß unkundige »Vogelfreunde« zum Teil stark gewürzte Speisereste (Wurst, Speck, Fleisch, Käse) anbieten und damit erheblichen Schaden anrichten.

Wenngleich nämlich auch Vögel Salz als lebensnotwendige Substanz benötigen, so ist ihr täglicher Bedarf über die normale Nahrungsaufnahme gedeckt. Der Salzgehalt unserer Lebensmittel hingegen liegt weit über diesem Bedarf. Gänzlich ungeeignet sind auch alle fetthaltigen Speisereste, da diese bei den Vögeln nur zu Verdauungsstörungen führen, die unter Umständen den Tod bedeuten (dies gilt ebenfalls für Brot- und Kuchenreste). Unbedenklich ist dagegen zerbröckelter Zwieback.

Fachhandel und Supermärkte bieten heute alle möglichen Futtermischungen an. Es empfiehlt sich, die Packungen näher zu prüfen, denn häufig enthalten diese unter gleicher oder ähnlich lautender Bezeichnung sehr unterschiedliche Futterstoffe, die nicht auf diejenigen Vogelarten abgestimmt sind, welche am Futterplatz dann auch tatsächlich erscheinen. Aus diesem Grund ist es immer sinnvoll, sich eigene Futtermischungen für unsere gefiederten Wintergäste zusammenzustellen.

Körnerfresser

Den Grundstock für das Futter von Körnerfressern bilden Hanf und Sonnenblumenkerne, wobei sich ein Mischungsverhältnis von eins zu drei bewährt hat. Erscheinen am Futterhaus überwiegend Finken, so sollte man dieses Mischungsverhältnis umdrehen, also drei Teilen Hanf einen Teil Sonnenblumenkerne beimischen (vor allem kleinere Finken können Hanfsamen besser als Sonnenblumenkerne öffnen). Zusätzlich kann man dann noch andere Sämereien, etwa Lein, Rübsen und Mohn beifügen. Wer die Möglichkeit hat, Sonnenblumen in seinem Garten zu ziehen, kann seinen Bedarf für den Winter selbst decken. Die Samen werden im zeitigen Frühjahr ausgelegt. Im Frühsommer erfreuen uns die Pflanzen mit ihren dekorativen Blüten. Wenn die Kerne im Spätsommer zu reifen beginnen, wird man feststellen, daß Meisen diese aus den Blüten herauszupicken versuchen. Man kann dies verhindern, wenn man die Blüte mit Sackleinen oder dünnem Vorhangstoff zubindet. Für die Ernte werden die Blütenstände komplett abgeschnitten und an einem trockenen und mäusesicheren Ort aufgehängt. Nach kurzer Zeit lassen sich die Kerne dann problemlos herausklopfen. Man füllt sie in einen Behälter und bewahrt sie bis zum Winter auf.

Um den Kaloriengehalt des Körnerfutters zu erhöhen, mischt man die Körner mit ausgelassenem, ungesalzenem Rinder- oder Schweinefett. Dem Fett mengt man etwas Speiseöl bei (3 Eßlöffel je 500 g Fett); das Öl verhindert, daß die Mischung bei tieferen Temperaturen zu hart wird. Zu der Flüssigkeit kommt dann die doppelte Menge Körnerfutter, die etwa zwei Drittel Sonnenblumen und ein Drittel Hanf und Mohn enthalten sollte.

Dieses Körnerfettgemisch wird anschließend in Behältnisse gefüllt, wozu sich besonders Blumentöpfe aus Ton eignen. Bevor Sie den Tontopf füllen, stecken Sie durch das Bodenloch ein Holzstäbchen, das ca. 3 cm über den Boden und 10–15 cm über den Topfrand hinausragen sollte. Um das kürzere Ende des Stäbchens wickeln Sie Draht, damit der Behälter an einem Ast aufgehängt werden kann; das längere Ende dient den Vögeln als Anflugstange. Solche Futterglocken nehmen besonders Meisen, Kleiber und Spechte an.

Auch sogenannte Meisenringe und Meisenknödel kann man sich auf der Basis des Körnerfettgemisches selbst herstellen und an einem Draht freischwebend aufhängen (unter anderem in einem Säckchen mit größerer Maschenweite; Vorsicht: Verletzungsgefahr!). In solche Säckchen können Sie außerdem ungesalzene Erdnüsse, Walnuß-, Haselnuß- oder Paranußstücke geben, die von den Vögeln ebenfalls gerne genommen werden (die Haselnüsse kann man selbst sammeln).

Meisen, Kleiber und Spechte gehen gerne an Futterglocken

Weichfresser

Auch Weichfresserfutter kann man durch Fettzugaben nahrhafter und kalorienreicher machen. Gut bewährt hat sich eine Mischung aus Haferflocken, Kleie und Fett, wobei zwei Teile Kleie auf einen Teil Haferflocken kommen. Dieses Futtergemisch stellen Sie auf dieselbe Weise her wie ein Körnerfettgemisch. Als Behälter wählen Sie am besten flache Dosen oder Blumentöpfe, die Sie möglichst dicht am Stamm oder oberhalb eines Zweiges anbringen sollten, damit sie auch von weniger kletter-

Dieses Amselweibchen tut sich an den Früchten eines Schlehdorns gütlich

gewandten Vogelarten (z. B. Heckenbraunelle, Rotkehlchen, Zaunkönig) erreicht werden können. Sie können dieses Futtergemisch aber auch einfach in borkige Rindenpartien oder in Baumspalten streichen; dort suchen Baumläufer und Spechte ihre Nahrung. Letztlich kann eine solche Mischung – in flache Schalen, Schüsseln und Tröge gegossen – auch in der Bodenfutterstelle angeboten werden.

Für Weichfresser sollte man im Spätsommer ebenfalls Früchte sammeln, die, getrocknet und entsprechend aufbewahrt, ein hervorragendes Futter abgeben. Drosseln, Heckenbraunelle und Rotkehlchen fressen sehr gerne die Beeren der Eberesche (»Vogelbeere«), aber auch von Holunder, Sanddorn, Weißdorn, Liguster, Mehlbeere und Cotoneaster.

Die Beispiele zeigen, daß das Futter für unsere überwinternden Vogelarten sehr mannigfaltig gestaltet werden kann. Generell gilt, daß ein abwechslungsreiches Futter das beste ist, was man unseren gefiederten Freunden am Futterplatz anbieten kann. Allerdings sollte man nicht vergessen, daß jedes vom Menschen gereichte Futter nur ein unzulänglicher Ersatz für das breite Nahrungsspektrum der Natur ist.

Die bevorzugte Nahrung unserer Futtergäste

Nachstehend finden Sie eine Tabelle der Vogelarten an Futterstellen im Siedlungsbereich. Vorkommen und Häufigkeit der einzelnen Arten sind abhängig vom Standort, der Art der Futterstelle und der angebotenen Nahrung. Zur schnelleren Orientierung wurde die alphabetische Reihenfolge gewählt.

Nahrung / **Vogelart**	Sämereien	Getreide	Nüsse	Haferflocken	getrocknete Beeren	Fett-gemische	Obst
Amsel			X	X	X	X	X
Bergfink	X		X	X	X		
Blaumeise	X		X	X		X	
Buchfink	X		X	X	X		
Buntspecht	X		X	X		X	
Dompfaff (Gimpel)	X		X	X	X		
Feldsperling	X	X		X			
Gartenbaumläufer				X	X	X	
Grauspecht, Grünspecht						X	
Grünling	X		X	X	X		
Haubenmeise	X		X	X		X	
Haussperling	X	X		X			
Heckenbraunelle	X			X	X		X
Kernbeißer	X		X	X			
Kleiber	X		X	X		X	

Vogelart / Nahrung	Sämereien	Getreide	Nüsse	Haferflocken	getrocknete Beeren	Fett-gemische	Obst
Kohlmeise	X		X	X		X	
Mittelspecht	X		X			X	
Rotdrossel				X	X	X	X
Rotkehlchen				X	X	X	X
Schwanzmeise				X		X	
Singdrossel				X	X	X	X
Star				X	X	X	
Sumpfmeise	X		X	X		X	
Tannenmeise	X		X	X		X	
Wacholderdrossel				X	X	X	X
Waldbaumläufer				X	X	X	
Weidenmeise	X		X	X		X	
Wintergoldhähnchen				X	X	X	
Zaunkönig				X	X	X	
Zeisig (Erlen- u. Birkenz.)	X			X		X	

Selbstgebaute Futtergeräte

Man muß kein Fachmann sein ...

Nicht nur Futtermischungen lassen sich selbst herstellen. Wer über etwas handwerkliches Geschick und das notwendige Werkzeug verfügt, kann auch seine Futterstelle selbst bauen und dabei viel Geld sparen. Der Werkunterricht in den Schulen ist hierfür oft ein willkommener Anlaß.

Im Folgenden werden nur solche Futtergeräte vorgestellt, die sich in der Praxis gut bewährt haben. Die in den Bauplänen angegebenen Größenmaße stellen dabei nur Richtwerte dar, die jeder nach eigenem Belieben verändern und den gegebenen Verhältnissen individuell anpassen kann. Dabei ist völlig unerheblich, ob der Unterbau eines freistehenden Futterhauses aus Birkenstämmchen oder aus Vierkanthölzern besteht. Gleiches gilt für das Dach des Futterhauses: Ob Dachpappe oder Strohauflage, ist reine Geschmacksache und hat mit dem Sinn und Zweck eines Futtergerätes nicht das mindeste zu tun.

Als Baumaterial eignet sich vor allem Fichtenholz, da es leicht bearbeitbar ist. Die Brettdicke sollte 2 cm betragen. Von Sperrholz ist auf jeden Fall abzuraten, da sich die einzelnen Schichten bei größeren Temperaturunterschieden sehr schnell abzulösen beginnen. Die Außenseiten können Sie mit einem wetterfesten Anstrich versehen, während die Innenseiten völlig unbehandelt bleiben sollten.

Meisen am Futterhaus

Freistehendes Futterhaus

In vielen städtischen Anlagen und Gärten findet man das Hessische Futterhaus, von dem es zwei Varianten gibt: das Große und das Kleine Hessische Futterhaus. Ersteres eignet sich gut als Futterstelle für eine Hausgemeinschaft, den Schulgarten und eine Park- oder Friedhofsanlage, die kleine Ausführung kann im Hausgarten aufgestellt werden. Das Hessische Futterhaus besitzt zwei Futterbretter. Während das größere obere vornehmlich von Meisen und Finken aufgesucht wird, bevorzugen die Weichfresser das untere kleinere Futterbrett. Beide Varianten sind rundherum mit Glasfenstern ausgestattet, die das Futter bei Schneesturm oder schräg einfallendem Regen vor Feuchtigkeit schützen. Als Glastyp sollte man Blindglas verwenden, das die Beobachtung der Vögel zwar erschwert, letztere aber beim Flüchten nicht verleitet, gegen die Scheiben zu fliegen.

Das Hessische Futterhaus hat den Nachteil, daß die Vögel direkt auf dem Futter sitzen können und dieses unter Umständen stark verkoten (Salmonelleninfektion!). Aus diesem Grunde sollte man diese Futterhäuser ständig kontrollieren und des öfteren reinigen.

Freihängende Futterstelle

Freihängende Futterstellen eignen sich vor allem für den Haus- und Gartenbereich. Man kann sie an einen Ast hängen oder aber mit einfachen Mitteln an jeder Haus- und Schuppenwand befestigen.

Durch die Art ihrer Konstruktion sind Silofutterhäuser besonders geeignet. Sie bieten nicht nur größtmöglichen Schutz vor Feinden, sondern schließen Krankheitsübertragungen und Infektionen nahezu aus, da das Futter nicht verschmutzt werden kann und stets nachrutscht. Insofern sind Futtersilos auch ganz praktisch, wenn man das Futterhaus nicht täglich kontrollieren kann.

Zu den freihängenden Futterstellen gehören auch Meisenringe, Kokosnußschalen und die oben beschriebenen tönernen Behältnisse für Fettfuttergemische. Ferner kann man in dickere Kantholzstücke Längsschlitze treiben, die, mit einem Körnerfett- oder Fettkleiegemisch gefüllt, ebenfalls gute Dienste leisten (siehe Seite 33).

Links: Kleines Hessisches Futterhaus; rechts: Großes Hessisches Futterhaus

Nußschnur
Futternetz
Halbe Kokosnuß
mit Futtergemisch
Blumentorf mit
Futtergemisch
Meisenglocke
Meisenring
Futterhaus
Silofutterhaus

Links: Freihängende Futterstellen bieten nicht nur größtmöglichen Schutz vor Feinden, sondern schließen auch eine Krankheitsübertragung nahezu aus. Das freistehende Vogelhäuschen rechts ist mit einer Blechmanschette zum Schutz gegen Katzen und Marder ausgestattet

Oben: Kantholz mit Längsschlitz, der mit einem Körnerfett- oder Fettkleiegemisch gefüllt wird

Fensterfutterhaus

Am besten können die Vögel natürlich an einem Fensterfutterhäuschen beobachtet werden. Solche Futterhäuschen werden entweder einfach auf die Fensterbank, die Balkon- oder Terrassenbrüstung gestellt oder dort fest verankert. Im wesentlichen unterscheidet man zwei Typen: einmal das Futterhaus, in dem das Futter flächig verteilt wird (Plastikfolie unterlegen!), und zum anderen das aus hygienischer Sicht vorteilhaftere Silofutterhaus. Selbstverständlich kann man auch freihängende Futterstellen am Fenster anbringen. An letzteren kann man die Nahrungsannahme sehr gut studieren.

Oben: Kohlmeisen am Futterknödel

Rechts: Bauplan für ein Fensterfutterhaus. Die einzelnen Teile sollten mit Holzschrauben verbunden werden (Maßangaben in Millimetern)

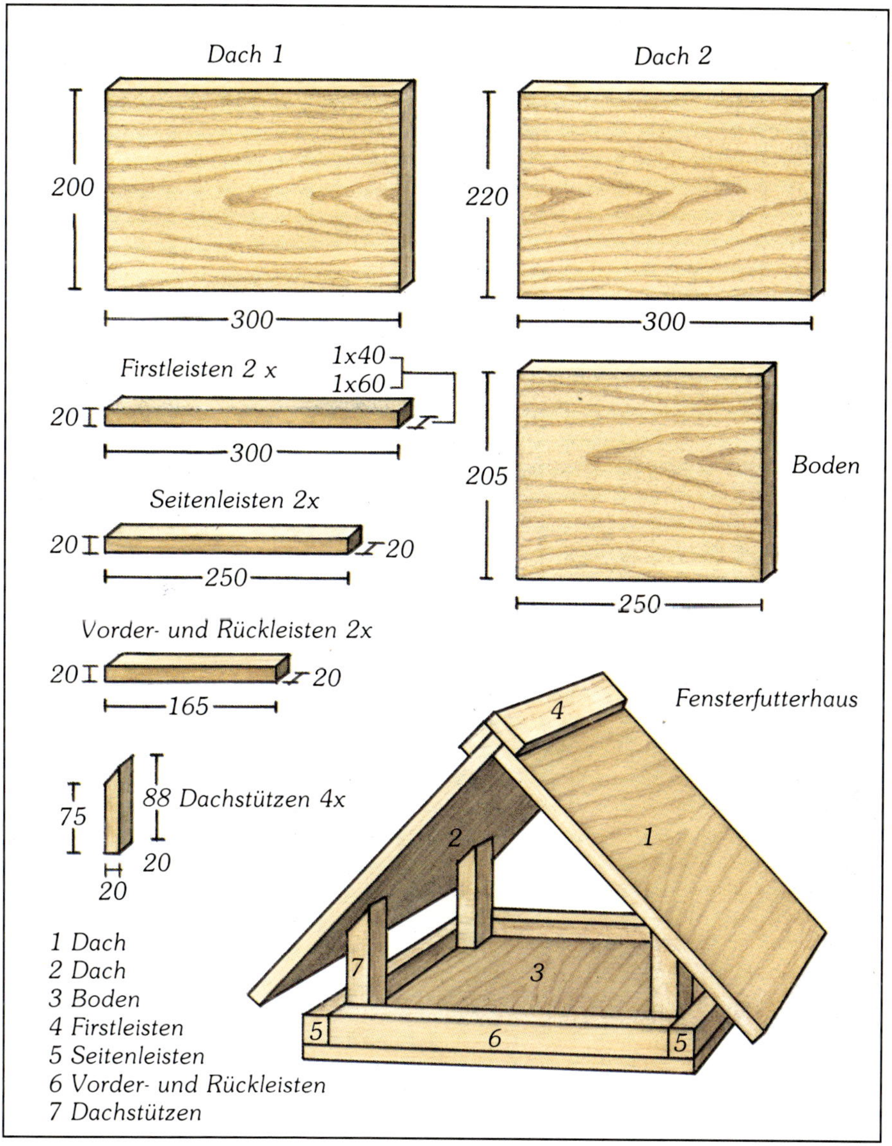
Dach 1
200
300
Dach 2
220
300
Firstleisten 2 x
1x40
1x60
20
300
Seitenleisten 2x
20
20
250
205
Boden
250
Vorder- und Rückleisten 2x
20
20
165
Fensterfutterhaus
75
88 Dachstützen 4x
20
20
1 Dach
2 Dach
3 Boden
4 Firstleisten
5 Seitenleisten
6 Vorder- und Rückleisten
7 Dachstützen

Bodenfutterstelle

Die Vogelbeobachtung an einer Bodenfutterstelle ist besonders interessant und lehrreich, weshalb der Bau einer solchen hier jedem Vogelfreund ans Herz gelegt werden soll. Man muß eigentlich nur die auf Seite 19 f. genannten Punkte beachten, der Herstellungsaufwand ist sehr gering. Benötigt wird lediglich eine einfache Holzkiste, bei der man eine Querwand entfernt; eine Längswand dient als Boden. Zur besseren Stabilität wird das Dach an seiner freien Stelle mit Hilfe einer Holzleiste abgestützt. Um die Futterstelle gegen Nässe zu schützen, wird das Dach mit Teerpappe bedeckt (darauf kann man dann aus optischen Gründen noch Fichtenreiser oder eine Strohmatte legen). Den Boden wiederum schützt man mit 3 Holzbalken oder mit länglichen Zementplatten gegen die Bodenfeuchtigkeit. Noch einfacher ist die Herstellung einer Bodenfutterstelle mit Hilfe einer Tischplatte analog der Abbildung Seite 37.

In bzw. unter die Konstruktion streut man das Futter oder bietet Fettfuttermischungen in flachen Schalen an.

Bodenfutterstellen locken oft ungebetene Gäste an – Mäuse etwa oder Eichelhäher, die sehr schnell herausgefunden haben, daß es hier etwas Eßbares gibt. Außerdem muß man, wie schon er-

Zwischen Amseln kommt es am Futterplatz häufig zum Streit

wähnt, mit Feinden wie Katzen oder auch Mardern rechnen. Gegen die Präsenz von Mardern ist aus biologischer Sicht nichts einzuwenden, denn Vögel bilden ja einen Bestandteil ihrer natürlichen Nahrung. Zudem bietet sich so dem Beobachter die Möglichkeit, die Verhaltensweisen unterschiedlicher Glieder einer Nahrungskette »hautnah«, vor Ort miterleben zu können.

Bodenfutterstellen bieten dem Vogelfreund interessante Beobachtungsmöglichkeiten

Vögel am Futterplatz

Vogelbeobachtung und Vogelbestimmung

Wohl an keinem anderen Ort lassen sich unsere einheimischen Vögel so gut aus nächster Nähe beobachten wie am Futterplatz. Dem flüchtigen Zuschauer mögen das ständige An- und Abfliegen, das Aufnehmen des Futters und die damit verbundenen Zänkereien als ein wirres Treiben erscheinen. Wer jedoch genauer hinsieht, wird schnell feststellen, daß die Vögel untereinander ganz bestimmte Verhaltensregeln beachten. So halten etwa die Individuen derselben Art – wie auch die Arten untereinander – eine feste Rangordnung ein. Recht bald wird man auch erkennen, daß sich Vögel der gleichen Art sehr wohl voneinander unterscheiden lassen. Jeder Vogel ist eine »Persönlichkeit« für sich. Dem aufmerksamen Beobachter bieten sich viele Möglichkeiten, unsere Vögel näher kennen und schätzen zu lernen.

Die Vogelbeobachtung beginnt mit der Bestimmung der Artzugehörigkeit. Wichtige Bestimmungsmerkmale sind Größe, Beschaffenheit des Schnabels (lang oder spitz, kurz oder kegelförmig), Gefieder, Zeichnungen auf den Flügeln, Größe des Schwanzes und Augenfarbe. Weitere Merkmale sind Verhalten und Stimme. Wer ein gutes Fernglas besitzt (z.B. mit 8facher Vergrößerung) und ein praktikables Bestimmungsbuch zur Hand hat, kann die Artzugehörigkeit rasch ausmachen. Wer die Arten zu bestimmen weiß, wird recht bald mehr über ihr Verhalten wissen wollen – ein weiterer Aspekt der Vogelbeobachtung. So bieten Winterfutterplätze eine gute Möglichkeit, die Art der Nahrungsaufnahme zu studieren. Einige Arten fressen direkt am Vogelhäuschen, andere holen sich nur das Futter, um es auf einem nahegelegenen Ast oder auf dem Boden zu verzehren.

Interessant ist es auch, bei Neuschnee nach Spuren zu suchen. Jede Vogelart hinterläßt nämlich ihre eigenen Trittspuren.

Die Liste der Beobachtungsmöglichkeiten ließe sich sicher noch um ein Vielfaches ergänzen. Diese Ausführungen sollen jedoch nur als Anregungen für eine weitergehende und intensivere Beschäftigung mit unserer einheimischen Vogelwelt dienen. Zum näheren Kennenlernen werden auf den folgenden Seiten eine Reihe von Arten, die häufig an Futterstellen angetroffen werden können, vorgestellt.

Kohl- und Blaumeise im Streit an der Futterstelle

Kohlmeise

Kennzeichen: Größe 14 cm (größte einheimische Meisenart), Gewicht 18 bis 20 g. Kopf schwarz glänzend. Unter den Augen nahezu dreieckiger weißer Fleck. Unterseite gelb mit schwarzen Längsstreifen in der Mitte, beim Männchen wesentlich breiter als beim Weibchen (während er beim Männchen bis zum Unterschwanz verläuft, reicht er beim Weibchen nur bis zum Bauch). Rücken olivgrün mit gelblichem Nacken. Schwanz, Flügel und Bürzel blaugrau. Äußere Schwanzfedern am Rande weißlich. Schnabel spitz und dunkel.
Brutbiologie: Bereits ab Januar kann man die ersten Rufe und Gesänge hören. Höhlenbrüter, der jede geeignete Stelle nutzt. Aufgehängte Nisthöhlen sollten einen Fluglochdurchmesser von 32–34 mm haben. Meist im April die ersten Gelege (Gelegegröße schwankt je nach Nahrungsangebot zwischen 6 und 14 Eiern). In der Regel lediglich eine Jahresbrut.
Lebensraum: Bewohnt Waldungen, Streuobstanlagen, Friedhöfe, Parks, Klein- und Hausgärten, d.h. lebt überall dort, wo geeignete Niststätten vorhanden sind. Stand- und Strichvogel.
Vorkommen im Winter: Häufigster Besucher an Futterstellen. Dies gilt für den besiedelten Bereich ebenso wie für die freie Natur. Wird hier nicht selten recht zutraulich, Fluchtdistanz dann sehr gering. In Parkanlagen holt sie sich bei entsprechender Gewöhnung auch Futter aus der Hand. Am Futterhaus trifft man meist nur eine Meise an, die sich ein ihr passendes Korn holt und wieder abfliegt, um auf einem geeigneten Sitzplatz mit dem spitzen, kräftigen Schnabel die Samenhülle zu entfernen und den Inhalt zu fressen. Aber auch aufgehängte Futtersäckchen werden angeflogen.
Bevorzugte Nahrung am Futterplatz: Hanf, Sonnenblumen, Nüsse jeder Art, Meisenringe, Meisenknödel, Fettgemische, Haferflocken.

Blaumeise

Kennzeichen: Größe 11,5 cm, Gewicht 11–12 g. Gefieder hat einen blaugelblichen Grundton. Kopfplatte, Flügel und Schwanz hellblau, Rückengefieder grünlich und Unterseite durchgehend

gelb. Blaue Kopfplatte, durch eine weißliche Umrandung gut markiert. Ein schwarzer Strich läuft vom Schnabel durch das Auge bis zum Nacken. Die Kehle ist ebenfalls schwarz. Dunkles Band zwischen den hellen Backen und der gelben Unterseite, das sich bis zu den Halsseiten zieht. Männchen und Weibchen lassen sich am Federkleid kaum unterscheiden. Der kurze spitze Schnabel ist dunkelbraun.

Brutbiologie: Wie bei der Kohlmeise hört man auch von ihr bereits an warmen Tagen im Februar die ersten Rufe. Als Höhlenbrüter werden sowohl natürliche Höhlen als auch Nistkästen benutzt (Fluglochdurchmesser ab 27 mm). Meist nur eine Jahresbrut. Die Eiablage beginnt Mitte April. Gelegestärke zwischen 6 und 14 Eiern.

Lebensraum: Die Blaumeise ist vor allem in Laub- und Mischwäldern anzutreffen, Nadelbaumbestände werden weitgehend gemieden. Aber auch in Parkanlagen, auf Friedhöfen und in Hausgärten schreitet sie, wenn geeignete Nistmöglichkeiten (z. B. Nistkästen) vorhanden sind, zur Brut. Stand- und Strichvogel.

Vorkommen im Winter: Mitten in Stadtzentren weniger häufig, jedoch regelmäßig in den peripheren Siedlungsbereichen. Am Futterplatz sehr aggressiv, vertreibt nicht nur größere Meisenarten, sondern greift sogar an. Mit dem kurzen kräftigen Schnabel öffnet sie durch intensives Bearbeiten Samen recht schnell. Weit hörbares »Hämmern«.

Bevorzugte Nahrung am Futterplatz: Fetthaltiges Futter wie Meisenknödel, Meisenringe oder in Netze eingebrachte Nüsse, Haferflocken. Aber auch alle Arten von Sämereien.

Haubenmeise

Kennzeichen: Größe 11,5 cm, Gewicht ca. 11 g. Charakteristisch die schwarz-weiß gefärbte Federhaube. Oberseite braun, Unterseite weiß mit bräunlichen Flanken. Kopfseiten weißlich, durch das Auge verläuft nach unten ein schwarzer, hakenförmiger Strich. Der schwarze Kehlfleck zieht sich als schwarzes Band bis zum Hinterkopf und grenzt so die weißen Backen nach hinten ab. Männchen und Weibchen lassen sich – ähnlich wie bei der Blaumeise – am Federkleid kaum unterscheiden. Spitzer, bräunlicher Schnabel. Seltener als Kohl- und Blaumeise.

Brutbiologie: Ab Mitte März Eiablage. Höhlenbrüter. Gelegegröße 5–10 Eier. Meist nur eine Jahresbrut – in bestimmten Biotopen kommt es jedoch auch regelmäßig zu 2 Bruten. Als Nistplatz werden neben selbstgezimmerten Baumhöhlen auch Nistkästen angenommen.

Lebensraum: Sie bevorzugt Nadelwälder oder Mischwälder mit hohem Nadelholzanteil. Aber auch nadelbestandene Parkanlagen, Friedhöfe und Gärten werden gelegentlich als Brutgebiet angenommen. Im wesentlichen Standvogel.

Vorkommen im Winter: An Futterstellen weit weniger anzutreffen als Kohl- und Blaumeise; wo Nadelbaum-

Haubenmeise

Kleiber an der Futterglocke

gruppen in der Nähe sind, kann man noch am ehesten mit ihr als Wintergast rechnen. Sie ist weniger aggressiv als andere Meisenarten. Ihr kräftiger Schnabel ermöglicht ihr das Öffnen und Zerhacken auch festerer Samenhüllen.

Bevorzugte Nahrung am Futterplatz: Meisenknödel, Meisenringe, Säckchen mit Nüssen oder einem Fett-Samengemisch. Aber auch Sonnenblumen, Hanf und Haferflocken werden verzehrt.

Kleiber

Kennzeichen: Größe 14 cm, Gewicht 22–24 g. Gestalt gedrungen. Gefiederoberseite blaugrau, Unterseite gelblich mit ockerfarbenem Schimmer. Vom Schnabelgrund über die Augen bis zu den Halsseiten verläuft ein schwarzer Streifen. Schwanz auffallend kurz. Schnabel bleigrau und pfriemartig zugespitzt. Männchen an den Körperflanken lebhaft kastanienbraun gefärbt, Weibchen blasser. Der Kleiber ist ein äußerst gewandter Kletterer, der als einziger mitteleuropäischer Vogel stammabwärts laufen kann, wobei er eifrig in der borkigen Rinde nach Nahrung sucht. Über das ganze Jahr hinweg hört man ihn »twit-twit« rufen.

Brutbiologie: Höhlenbrüter. Benutzt gerne alte Spechthöhlen oder Nistkästen, deren Eingänge er mit feuchtem Lehm so verkleinert, bis er gerade noch hindurchschlüpfen kann. Eine Jahresbrut. Die Eiablage beginnt im April; das Gelege besteht aus 5–9 Eiern.

Lebensraum: Der Kleiber ist ein weitverbreiteter Brutvogel, der sowohl im

Flachland als auch im Gebirge vorkommt. Seine bevorzugten Aufenthaltsplätze sind Laub- und Mischwälder ebenso wie Parkanlagen, Streuobstbestände und Gärten. Stand- und Strichvogel. In Mitteleuropa kommt es gelegentlich zu größeren Wanderungen.
Vorkommen im Winter: Häufiger Gast an Futterstellen. Dort ist er den meisten anderen Vogelarten durch sein robustes Verhalten überlegen; kann hier recht aggressiv werden. Oft holt er sich 2–3 Sonnenblumenkerne, die er in borkige Rinde steckt und mit seinem kräftigen Schnabel blitzschnell aufhackt.
Bevorzugte Nahrung am Futterplatz: Sonnenblumen, Hanf, Nüsse jeder Art. Auch Fettfuttergemische und Haferflocken nimmt er gerne.

Buntspecht

Kennzeichen: Größe 23 cm, Gewicht 75–90 g. Das Gefieder ist im wesentlichen schwarz-weiß. Rücken schwarz mit weißen Flecken auf den Schultern. Unterseite weiß mit leicht bräunlichem Schimmer. Kopfplatte schwarz, Backen weiß. Vom Unterschnabel zieht sich ein schwarzer Streifen bis zum Hinterkopf. Ein weiteres schwarzes Band verläuft von der Schulterpartie bis zum Kopf. Unterschwanzfedern leuchtend rot, langer, pfriemförmiger, bleigrauer Schnabel. Nur Männchen mit breitem roten Nackenstreifen. Charakteristisch die »kix-kix«-Rufe und das Trommeln des Männchens im Frühjahr an Stellen mit gutem Resonanzboden.

Buntspecht und Kohlmeise am Futterknödel

Brutbiologie: Zimmert sich seine Bruthöhlen in Baumstämme oder dickere Äste selbst. Legebeginn etwa Mitte April. Eine Jahresbrut. Das Gelege besteht aus 4–8 Eiern.
Lebensraum: Der Buntspecht kommt vor allem in Laub- und Nadelholzwäldern natürlich vor. Park- und Friedhofsanlagen gehören aber ebenso zu seinem Lebensbereich wie Gärten und Streuobstflächen. Selbst mitten in Großstädten werden Park- und Alleebäume zu Brutplätzen erkoren. Seine Anwesenheit im Revier erkennt man leicht an den Zapfenschmieden. Diese werden an stark borkigen Baumstämmen oder in Astgabeln angelegt. Vor allem hier werden Fichtenzapfen eingeklemmt, die Deckschuppen entfernt und die Samen verzehrt. Die abgeernteten Zapfen wer-

den aus der »Schmiede« geworfen, sie liegen dann in Haufen unter dem Baum.
Vorkommen im Winter: Futterstellen werden von ihm gerne aufgesucht. Man sollte für ihn jedoch Körnerfettgemische in Baumrinden schmieren oder dort Dosen anbringen, die mit Fettkleiegemischen gefüllt sind. An solchen Stellen sucht er als erstes nach Nahrung.
Bevorzugte Nahrung am Futterplatz: Körnerfettgemische, Sonnenblumen, freischwebend aufgehängte Säckchen mit Nüssen, Meisenringe, Meisenknödel und Haferflocken.

Buchfink

Buchfink

Kennzeichen: Größe 15 cm, Gewicht 22–24 g. Auffälligste Gefiedermerkmale sind die weißen Flügelbinden und die gleichfarbigen Schulterflecken. Äußere Steuerfedern am Schwanz weiß. Beide Geschlechter lassen sich am Federkleid deutlich unterscheiden. Unterseite des Männchens braunrot, erscheint im Winter blasser (ist dann graubräunlich). Rücken rötlichbraun, Oberkopf blaugrau (im Winter bräunlichgrau). Nacken und Halsseiten zeigen die gleiche Färbung. Stirn des Männchens schwärzlich. Kegelförmiger Schnabel, im Frühjahr stahlblau, im Herbst und Winter bräunlich. Weibchen unscheinbarer gefärbt. Oberseite olivbraun, Unterseite wesentlich heller (graubraun). Auffällig sein Ruf »pink, pink«.
Brutbiologie: Der Buchfink ist Freibrüter; ein bis zwei Jahresbruten. Im April Beginn der Eiablage. Das Gelege besteht aus 4–6 Eiern. Kunstvolles Nest, meist hoch auf Bäumen.
Lebensraum: Ein von der Küstenregion bis zur Baumgrenze unserer Gebirge weit verbreiteter Vogel. Baut sein Nest überall da, wo Bäume stehen. In Nord- und Osteuropa ist er Zugvogel. In Mitteleuropa ziehen vor allem die Weibchen, so daß im Winterhalbjahr im wesentlichen die Männchen angetroffen werden. Ferner überwintern Tiere aus dem Norden und Osten Europas bei uns.
Vorkommen im Winter: An Futterstellen ist der Buchfink ein häufiger Gast. Er läßt sich leicht von anderen Arten vertreiben und sucht dann auf dem Boden unter dem Futterhaus nach heruntergefallenen Samen oder Samenresten. In Kuranlagen kann man erleben, daß sich die dort an den Futterstellen

aufhaltenden Vögel Körner aus der ausgestreckten Hand von Kurgästen holen.
Bevorzugte Nahrung am Futterplatz: Kleinere Sämereien, Grassamen, zerquetschtes Getreide, Haferflocken, klein gehackte Nüsse und getrocknete Beeren.

Grünfink (Grünling)

Kennzeichen: Größe 15 cm, Gewicht 28 g. Kräftiger, kegelförmiger Schnabel, Männchen und Weibchen lassen sich am Federkleid gut voneinander unterscheiden. Männchen mit gelbgrünem Rücken und heller Unterseite. Im Flügel leuchtend gelber Spiegel, der gelbe Flügelrand ist gut sichtbar. Das Weibchen ist insgesamt graugrün, kleiner und unscheinbarer.
Brutbiologie: Nest auf Bäumen oder in Büschen sowie in Kletterpflanzen. Regelmäßig zwei Jahresbruten, gelegentlich auch drei. Legebeginn im April. Gelegegröße schwankt zwischen 4 und 6 Eiern. Meist Standvogel.
Lebensraum: Einer unserer häufigsten Vogelarten. Man findet ihn in der Ebene ebenso wie in den Gebirgstälern. Seinen Brutplatz sucht er sich an Waldrändern, in Feldgehölzen, Hecken, Streuobst-, Park-, Garten- und Friedhofsanlagen.
Vorkommen im Winter: Wie der Buchfink an Futterstellen sehr häufig anzutreffen. Meist sitzt der Grünling mitten im Futterhaus und verläßt es erst, wenn er gesättigt ist. Wird er bei der Futteraufnahme gestört, nimmt er sofort eine Drohhaltung ein. Gegen Artgenossen ist er jedoch toleranter, wenn nicht ein bestimmter Mindestabstand unterschritten wird.

Grünfink

Bevorzugte Nahrung am Futterplatz: Sonnenblumen, Hanf, Haferflokken, getrocknete Beeren; gehackte Nüsse frißt er besonders gerne. Aber auch kleinere Sämereien werden von ihm angenommen.

Dompfaff (Gimpel)

Kennzeichen: Größe 15 cm, Gewicht 30 g. Schnabel kegelförmig, kurz und dick. Männchen und Weibchen gut voneinander unterscheidbar. Das Männchen hat eine leuchtend rote Unterseite, beim Weibchen ist sie braungrau. Beide Geschlechter besitzen eine schwarze Kopfplatte. Männchen durch die leuch-

tenden Farben recht bunt, Weibchen weit unscheinbarer. Auffallend bei beiden Geschlechtern der weiße Bürzel, der beim Auffliegen gut sichtbar wird. Charakteristisch sein Ruf »dzü, dzü«.

Brutbiologie: Nest in guter Deckung in dichtem Gebüsch oder in Nadelbäumen. Legebeginn etwa Ende April. Ein bis zwei Jahresbruten. Die Eizahl schwankt meist zwischen 4 und 6. Stand- und Strichvogel.

Lebensraum: Vor allem Buschgruppen und Unterholzbereiche in Wäldern, aber auch Gärten, Streuobstbestände, Park- und Friedhofsanlagen. Die Populationsdichte dieser Vögel scheint in den Mittelgebirgszonen höher zu sein als im Flachland.

Vorkommen im Winter: Im Winterhalbjahr schließen sie sich oft zu kleineren Trupps zusammen und besuchen gerne Futterstellen. Meist erscheinen mehrere Tiere gleichzeitig am Futterplatz. Der Gimpel ist recht friedfertig, so daß er auch mit anderen Vogelarten gleichzeitig Futter aufnimmt.

Bevorzugte Nahrung am Futterhaus: Sonnenblumen, Hanf, gehackte Nüsse, Haferflocken und getrocknete Beeren.

Dompfaff

Kernbeißer

Kernbeißer

Kennzeichen: Größe 18 cm (größte einheimische Finkenart), Gewicht 55 g. Dicker, kegelförmiger Schnabel, sehr kurzer Schwanz; gedrungene Gestalt. Männchen und Weibchen lassen sich am Gefieder gut unterscheiden. Der Kopf des Männchens ist zimtfarben. Im Nacken ein breites graues Band. Rükkengefieder dunkelbraun, Unterseite hellbraun. Der braune Schwanz hat eine breite, weiße Endbinde. Flügel mit weißem Schulterband. Schwingen schwarzblau. Schwarzer Kehlfleck und schwarze Augenpartie. Schnabel in der Brutzeit blauschwarz, dagegen im Herbst und Winter hellbraun. Weibchen weit unscheinbarer mit blasseren Gefiederfarben. Heller Schulterfleck nur angedeutet.
Brutbiologie: Freibrüter, der sein Nest sehr hoch in Bäume baut. Ende April/ Anfang Mai Legebeginn. Die Zahl der Eier pro Gelege schwankt zwischen 4 und 6. Eine Jahresbrut. Standvogel und Teilzieher.
Lebensraum: Weit verbreiteter, aber weniger häufiger Brutvogel, dessen Lebensräume Laubwälder, Streuobstflächen, Park- und Friedhofsanlagen sowie Gärten sind.
Vorkommen im Winter: Im Randbereich unserer Siedlungen, in Park- und Gartenanlagen aufgestellte Futterstellen werden auch vom Kernbeißer besucht. Seine imponierende Größe und besonders der mächtige Schnabel lassen andere Futterplatzbesucher in respektvoller Entfernung verharren, wenn dieser Fink dort seinen Hunger stillt. Er ist relativ scheu und hält eine verhältnismäßig große Fluchtdistanz ein.
Bevorzugte Nahrung am Futterhaus: Sonnenblumen, Hanf, Nüsse und Haferflocken.

Zeisig (Erlenzeisig)

Kennzeichen: Größe 12 cm, Gewicht ca. 12–14 g. Länglich kegelförmiger Schnabel. Männchen und Weibchen am Federkleid gut unterscheidbar. Männchen mit schwarzer Kopfplatte und kleinem gleichfarbenen Kehlfleck. Rücken olivgrün mit dunklen Streifen. Hals und Brust gelb, Bauch weißlich. Flügel und Schwanz überwiegend schwarz. Auf den Flügeln zwei gelbe Querbänder. Weibchen graugrün, stärker gestrichelt

Zeisig; links Weibchen, rechts Männchen

und ohne dunkle Kopfplatte und Kehlfleck. Gefiederfärbung insgesamt unauffälliger als beim Männchen.

Brutbiologie: Nest meist hoch auf Nadelbäumen (bevorzugt Fichten), in den äußeren Zweigspitzen. Legebeginn im zeitigen Frühjahr, manchmal bereits Februar. Ein bis zwei Jahresbruten. Eizahl schwankt zwischen 4 und 6. Vornehmlich Standvogel, aber auch Teilzieher.

Lebensraum: Nadel- und Mischwälder der Mittel- und Hochgebirgsregionen.

Vorkommen im Winter: Der Zeisig kommt jetzt auch in tieferen Lagen (u.a. Parkanlagen, Gärten) vor, meist in kleineren Gruppen, manchmal in größeren Schwärmen. Er nimmt vor allem die Samen von Erlen und Birken und klettert sehr geschickt bis an die an den Astenden hängenden Samen. Außerdem liest er heruntergefallene Samen vom Boden auf. Futterstellen sucht er gerne auf (manchmal erscheint hier auch der seltene Birkenzeisig).

Bevorzugte Nahrung am Futterplatz: Vor allem feinere Sämereien, wie Rübsen, Mohn, Hirse, aber auch Samen von Löwenzahn, Mädesüß und anderen Wildpflanzen. Außerdem nimmt er gerne in Säckchen gereichte Körnerfettgemische und Haferflocken.

Bergfink

Bergfink

Kennzeichen: Größe 15 cm, Gewicht ca. 25 g. Charakteristisch der weiße Bürzel, beim Auffliegen gut sichtbar. Männchen im Winterkleid mit bräunlich graugeschupptem Kopf, Nacken und vorderem Rückenteil. Bis zum Frühjahr werden diese Gefiederteile durch Abnutzung der hellen Federsäume schwarz. In den Flügeln zwei weiße Binden. Brust und Schulter orangefarben. Bauch und Unterschwanz weißlich. Bergfinkweibchen schlichter in der Färbung. Kopf braun; auf der Kopfplatte dunkle Streifen erkennbar. Rücken braungefleckt. Brust und Schulterpartien matt orangefarben.

Brutbiologie: Nest meist nur wenige Meter hoch auf Bäumen, meist Birken. Gelege ab Mai, 5–6 Eier. Eine Jahresbrut.

Lebensraum: Misch- und Nadelwälder in Norwegen, Schweden, Finnland und Nordrußland (bis Ostasien).

Vorkommen im Winter: Der Bergfink ist in Mitteleuropa ein häufiger und regelmäßiger Wintergast; in manchen Jahren erscheinen riesige Schwärme. Besonders in ertragreichen Buchenwäldern tritt er dann invasionsartig auf. In der Schweiz hat man so Anfang der 50er Jahre in einem Winter die Zahl auf rund 100 Millionen Exemplare geschätzt. Wenn auch unsere Buchenwälder mit ihren Bucheckern bevorzugte Aufenthaltsorte sind, suchen Bergfinken auch Kleingärten, Park- und Friedhofsanlagen auf. Häufiger Futterplatzbesucher.

Bevorzugte Nahrung am Futterplatz: Mit ihrem sehr kräftigen Schnabel können Bergfinken Sonnenblumen und Hanf mühelos öffnen. Sie nehmen aber auch Haferflocken, gehackte Nüsse und getrocknete Beeren.

Haussperling

Kennzeichen: Größe 15 cm, Gewicht 30 g. Geschlechter an ihrem Federkleid gut unterscheidbar. Männchen mit dunkelgrauem Scheitel und kastanienbraunem Nacken. Kehle und oberer Teil der Brust schwarz, Oberseite braun, mit dunklen Längsstreifen. Unterseite erscheint grau bis weiß. In den braunen Flügeln weiße Flügelbinden. Schnabel im Herbst und Winter braun, während der Brutzeit schwarz. Weibchen unscheinbarer gefärbt. Gefieder im wesentlichen graubraun. Über dem Auge ein heller Streifen. Der Haussperling ist eine der häufigsten Vogelarten.
Brutbiologie: Das Nest meist in Spalten an Gebäuden, aber auch in Baumhöhlen und selbst in hochrankendem Efeu. Ab Mitte April werden die Eier gelegt. Zwei bis drei Jahresbruten. Die Gelegegröße schwankt zwischen 3 und 6 Eiern.
Lebensraum: Der Haussperling lebt fast ausschließlich im Bereich menschlicher Siedlungen. Standvogel; typischer Kulturfolger. Neuerdings große Bestandsrückgänge.
Vorkommen im Winter: An den Futterstellen einer der häufigsten Besucher. Der gesellig lebende Vogel tritt dabei meist in kleineren Schwärmen auf. Sie haben recht schnell von einer Futterstelle Besitz ergriffen und bedienen sich, trotz relativ großer Fluchtdistanz und Vorsicht, eifrig am angebotenen Futter.
Bevorzugte Nahrung am Futterplatz: Kleinere Sämereien, Haferflokken und Getreidekörner.

Haussperling (Weibchen)

Feldsperling

Feldsperling

Kennzeichen: Größe 14 cm, Gewicht 23 g. Federkleid beider Geschlechter gleich. Scheitel und Nacken schokoladenbraun, auf den weißen Backen schwarzer Fleck. Kehle ebenfalls schwarz. Um den Hals verläuft ein fast geschlossenes weißes Band (»Ringelspatz«). Oberseite bräunlich mit schwarzen Streifen, Unterseite grauweiß. Auf den Flügeln zwei weiße Binden. Während der Brutzeit ist der kegelförmige Schnabel schwarz, zu den anderen Zeiten – auch im Winter – bräunlich.
Brutbiologie: Höhlenbrüter, baut sein Nest in Baumhöhlen, aber auch in Mauer- und Felsspalten. Außerdem nimmt er gerne aufgehängte Nisthöhlen an (ab Fluglochdurchmesser 26 mm). Zwei Jahresbruten, gelegentlich drei. Eizahl liegt zwischen 4 und 6. Die ersten Eier werden Ende April gelegt.
Lebensraum: Nicht so eng dem Menschen verbunden wie der Haussperling. Feldgehölze, Streuobstanlagen, Waldränder und der Siedlungsbereich sind sein Lebensraum. Stand- und Strichvogel. Populationsgröße weit kleiner als die des Haussperlings.
Vorkommen im Winter: Als gesellig lebende Vogelart besucht er auch Futterstellen in größeren oder kleineren Trupps, wobei er vor allem an Dorfrändern besonders oft anzutreffen ist. Häufig liest er herausgescharrtes Futter vom Boden auf.
Bevorzugte Nahrung am Futterplatz: Kleinere Sämereien (Mohn, Rübsen, Reis, Hirse), Haferflocken.

Amsel

Kennzeichen: Größe 25 cm, Gewicht etwa 100 g. Wohl die häufigste Vogelart im Siedlungsbereich. Männchen mit schwarzem Federkleid, leuchtend gelbem Schnabel und gelbem Augenring. Junge Männchen im ersten Herbst und Winter (bis etwa Februar) mit dunkelbraunem Schnabel, der sich dann erst gelb färbt. Beine dunkelbraun. Weibchen auf der Oberseite dunkelbraun; hellbraune Unterseite mit deutlicher Fleckung. Schnabel dunkelbraun.
Brutbiologie: Ab März werden die ersten Eier gelegt. Meist zwei bis drei Jahresbruten. Nest in Bäumen, Büschen und Sträuchern, aber auch an Schuppen, Stallungen und in Fensternischen der Häuser; teilweise völlig offen, ohne jede Deckung. Die Zahl der Eier schwankt zwischen 3 und 7. Im Stadtbereich, z.B. in Frankfurt, kann es sogar zu Bruten mitten im Winter kommen.
Lebensraum: Ursprünglich war die Amsel ein seltener Wald- und Heckenbewohner, hat sich dann dem Menschen jedoch immer stärker angeschlossen. Typischer Kulturfolger. Aus dem scheuen Waldvogel ist ein wenig ängstlicher und sehr häufiger Stadtbewohner geworden, dessen Brutareale Gärten, Park- und Friedhofsanlagen sind. Selbst mit kleineren Grünanlagen (wenige Büsche genügen) mitten im Stadtzentrum nimmt sie vorlieb. Zur Nahrungsbasis im Stadtbereich gehören Lebensmittelreste jeder Art.
Vorkommen im Winter: Teilzieher, wenngleich die »Stadtamseln« wohl

Amsel (Weibchen)

Standvögel sind. Im Siedlungsbereich daher ein häufiger Besucher von Futterstellen. Da sie ihr Futter überwiegend am Boden oder in Bodennähe sucht, findet man sie vor allem an Bodenfutterstellen. Amseln sind am Futterplatz recht aggressiv und streitsüchtig und verjagen dann nicht nur Artgenossen, sondern auch andere Vögel. Man kann diesen Streitereien vorbeugen, indem man mehrere Bodenfutterstellen anlegt. Die Vögel lassen dann auch unterlegene Arten am Futterplatz zu.

Bevorzugte Nahrung am Futterplatz: Haferflocken, getrocknete Beeren, Obst, gehackte Nüsse, Sämereien und Fettfuttergemische.

Rotkehlchen

Kennzeichen: Größe 14 cm, Gewicht 16–18 g. Auffallend lange Beine; rundlicher Körper, leicht am roten Gesicht und der roten Brust erkennbar. Weiteres Kennzeichen sind die großen, dunklen Augen. Oberseite olivbraun, Bauch weißlich. Oberschwanzdecken mit rostfarbenem Anflug, Steuerfedern dunkelbraun. Dünner brauner Schnabel. Das Rotkehlchen sitzt gerne am Boden und zuckt oft mit dem Schwanz und den Flügeln. Bemerkbar macht es sich durch seinen Ruf »zick, zick«.

Brutbiologie: Nest in Mulden am Boden, im Wurzelwerk oder unter Reisighaufen im Gestrüpp. Mauerlöcher und aufgehängte Halbhöhlen werden ebenfalls als Brutplatz benutzt. Legebeginn Ende April/Anfang Mai. Meist zwei Jahresbruten. Das Gelege besteht aus 4–7 Eiern.

Lebensraum: Unterholz von Laub-, Misch- und Nadelwäldern, aber auch Gärten, Park- und Friedhofsanlagen.

Vorkommen im Winter: Als Teilzieher überwintern auch Vögel dieser Art bei uns. Das Rotkehlchen ist Artgenossen gegenüber recht unverträglich, weshalb man es an Futterstellen meist als Einzelvogel beobachtet. Entsprechend seiner Lebensweise bevorzugt es Bodenfutterstellen. Da das Rotkehlchen wenig scheu ist, läßt es sich am Futterplatz gut beobachten.

Bevorzugte Nahrung am Futterplatz: Getrocknete Beeren jeder Art, Haferflocken, Fettkleiegemische und Obst.

Rotkehlchen

Zaunkönig

Zaunkönig

Kennzeichen: Größe 10 cm, Gewicht 9,5 g. Winziger Vogel. Man erkennt ihn an seiner runden Gestalt und dem meist steil aufgestellten kurzen Schwanz. Gefieder insgesamt dunkelbraun, Unterseite jedoch heller. Schwanz, Flügel und seitliche Körperpartien quergebändert. Auffällig ferner der weißliche Überaugenstreif. Durch seine »zeck-zeck«-Rufe wird man dennoch leicht auf ihn aufmerksam.

Brutbiologie: Nest kegelförmig, oft auch länglich-oval. Der Umgebung gut angepaßt, meist äußerlich aus Moos gebaut mit einem seitlichen Einschlupfloch. Im April werden die ersten Eier gelegt. Vorwiegend zwei Jahresbruten. Die Eizahl schwankt zwischen 4 und 8.

Lebensraum: Der Zaunkönig lebt bei uns von der Küste bis in die obere alpine Baumregion. Bevorzugte Aufenthaltsorte sind das dichte Unterholz der Wälder, man findet ihn aber auch im Gestrüpp und in Hecken von Parks, Gärten, Friedhöfen und Feldgehölzen. Gerne hat er seinen Nistplatz in Wassernähe (Bachlauf). Er gilt als Teilzieher, der aber auch bei uns überwintert.

Vorkommen im Winter: Wenngleich Zaunkönige im Winter meist einzeln leben, schließen sie sich manchmal zu Schlafgemeinschaften zusammen (bis zu 20 Exemplare). Eher seltene und außerdem recht unscheinbare Futterstellenbesucher. Sie ziehen Bodenfutterplätze, in die sie blitzschnell aus einem nahegelegenen Gebüsch schlüpfen und die sie nach der Nahrungsaufnahme wieder verlassen können, Futterhäusern vor.
Bevorzugte Nahrung am Futterplatz: Haferflocken, getrocknete Beeren und Fettkleiegemische.

Gartenbaumläufer

Gartenbaumläufer

Kennzeichen: Größe 12 cm, Gewicht 9–10 g. Auffallend dünner gebogener Schnabel, recht langer Schwanz. Klettert gewandt in kleinen Sprüngen an Stämmen und dickeren Ästen nach oben. Dabei stützt er sich mit seinen kräftigen Schwanzfedern an der borkigen Rinde ab (»Stützschwanz«). Oberseite des Gefieders bräunlich mit hellen Tupfen und Streifen (gute Tarnung vor der fleischfarbenen Rinde). Unterseite weißlich, weißer Überaugenstreif, Schwanz braun. Der Gartenbaumläufer läßt sich am Gefieder nur sehr schwer vom Waldbaumläufer unterscheiden. Bestes Unterscheidungsmerkmal ist die Stimme.
Brutbiologie: Nest oft hinter abstehenden Rindenpartien, in Baumritzen und Mauerspalten. Aber auch Nistkästen werden angenommen, weshalb man für Garten- und Waldbaumläufer Spezialkästen konstruiert hat. Ab Mitte April erfolgt die Eiablage. Meist nur eine Jahresbrut. Gelege mit 4–7 Eiern.
Lebensraum: Der Gartenbaumläufer ist ein Bewohner von tiefer gelegenen Landschaften, Gebirgslagen meidet er. Gärten, Streuobstflächen, Park- und Friedhofsanlagen sowie lichte Auewälder sind sein Lebensraum. Stand- und Strichvogel.
Vorkommen im Winter: Die bei uns überwinternden Vögel verweilen in der Nähe ihrer Brutareale; sie schließen sich dann oft zu Schlafgemeinschaften zusammen, um besser gegen die Kälte geschützt zu sein. An Futterstellen ist er, wie auch der Waldbaumläufer, nur selten anzutreffen. Futtergaben, z.B. Fettfuttergemische, sollte man an stark borkigen Baumstämmen auftragen oder in

Blechdosen füllen und dann so anbringen, daß diese Vogelarten sie nutzen können.
Bevorzugte Nahrung am Futterplatz: Fettkleiegemische, getrocknete Beeren, Haferflocken.

Star

Kennzeichen: Größe 22 cm, Gewicht 80 g. Stämmige Gestalt. Gefieder im Frühjahr in seiner Grundfarbe schwarz, je nach Lichteinfall jedoch purpur bis grünschillernd. Schnabel im Frühjahr hellgelb. Im Herbst und Winter dunkles Federkleid mit vielen weißen Flecken (»Perlstar«). Schnabel dann dunkelbraun. Männchen und Weibchen lassen sich nur sehr schwer unterscheiden. Das Federkleid des Weibchens ist insgesamt jedoch weniger glänzend.
Brutbiologie: Höhlenbrüter; nistet in ehemaligen Spechthöhlen, wählt sich aber auch Mauer- und Felsspalten als

Stare an der Bodenfutterstelle

Brutplatz. Selbst unter dem Haus- oder Scheunendach findet man seine Nester. Nistkästen (Flugloch 45 mm Durchmesser) werden ebenfalls gerne angenommen. Normalerweise eine Jahresbrut. Legebeginn Mitte April; 3–6 Eier.

Lebensraum: Brutvogel aller möglichen Lebensräume (Wald, Feld, Haus und Garten), sofern nur geeignete Nisthöhlen zur Verfügung stehen. In den letzten Jahren hat man einen Populationsrückgang registriert, dessen Ursache noch nicht geklärt ist. Der Star ist bei uns Teilzieher. Nach der Brutzeit kommt es zur Schwarmbildung und zum Aufsuchen gemeinsamer Schlafplätze (z.B. Schilfbestände, Feldgehölze, Alleebaumreihen inmitten von Großstädten).

Vorkommen im Winter: Ein Teil der einheimischen Population bleibt auch im Winter bei uns. Hinzu kommen Vögel aus Nord- und Osteuropa. Dann bilden hauptsächlich Hausmülldeponien die Nahrungsbasis, auf denen sich die Stare tagsüber zu Tausenden aufhalten (z.B. im Rhein-Main-Gebiet). In kleineren Trupps besuchen Stare auch die Futterstellen, wobei Bodenfutterstellen bevorzugt werden.

Bevorzugte Nahrung am Futterplatz: Getrocknete Beeren, Haferflokken und Fettfuttergemische.

Heckenbraunelle

Kennzeichen: Größe 15 cm, Gewicht 19–20 g. Das im Grundton braune Federkleid ähnelt auf den ersten Blick dem

Heckenbraunelle

des Haussperlings. Oberseite dunkelbraun mit dunklen Längsstreifen. Kopf und Nacken graubraun, dunkel gefleckt. Unterseite grauweiß, an den Seiten ist das Gefieder rostfarben. Der feine Schnabel ist pfriemförmig. Beide Geschlechter sind in gleicher Weise gefärbt. Der Ruf der Heckenbraunelle ist ein durchdringendes »zieh«. Äußerst ungesellige Art.

Brutbiologie: Nest meist in Bodennähe, wird sehr geschickt im Dickicht angelegt. Die Eiablage beginnt im April. Vornehmlich zwei Jahresbruten. Die Zahl der Eier pro Gelege schwankt zwischen 3 und 6.

Lebensraum: Wie der Name sagt, ist ihr bevorzugter Lebensraum die Hecke. Häufig im Nadel- und Mischwald, in Parks, verwilderten Gärten und auf Friedhöfen mit dichtem Gebüsch (z. B.

Brombeergestrüpp oder Reisighaufen). Teilzieher.
Vorkommen im Winter: Die bei uns in geringeren Zahlen überwinternden, deckungsliebenden Heckenbraunellen leben auch in dieser Zeit im Gebüsch und nehmen meist Bodenfutterstellen an. Nicht selten suchen sie auf dem Boden unter aufgehängten Futterhäuschen nach Nahrungsresten.
Bevorzugte Nahrung am Futterplatz: Rosinen und andere getrocknete Beeren, Haferflocken, feine Sämereien und Obst.

Wintergoldhähnchen

Kennzeichen: Größe 9 cm, Gewicht 5–6 g. Neben dem Sommergoldhähnchen die kleinste einheimische Vogelart. Oberseite des Gefieders olivgrün, Unterseite grauweiß mit leicht grünlichem Anflug. Männchen mit gelbem Längsband auf der Mitte des Oberkopfes und einem orangefarbenem Fleck. Dieses Band wird von zwei schwarzen Streifen begrenzt (das Längsband, der Scheitel ist oft verdeckt und daher nicht immer sichtbar). Das Weibchen besitzt nur einen schmalen gelblichen Scheitel. Oberflügeldecken mit weißen Spitzen, die wie weiße Flügelbinden wirken.
Brutbiologie: Dickwandiges, stabiles Nest, meist im oberen Drittel von Nadelbäumen. Zwei Jahresbruten. Die Eiablage erfolgt ab Mai. Relativ große Gelege mit 6–10 Eiern.

Wintergoldhähnchen

Lebensraum: Hauptlebensräume sind Nadel- und Mischwälder, aber auch Park-, Garten und Friedhofsanlagen mit einem älteren Nadelbaumbestand (vorwiegend Fichten). Wintergoldhähnchen sind Teilzieher.
Vorkommen im Winter: Im Winter durchstreifen sie – oft zusammen mit Meisen – vornehmlich Nadelholzbestände. Sie sind außerordentlich behende Kletterer. In der Nähe von Nadelgehölzen kommen die Wintergoldhähnchen auch an Futterstellen.
Bevorzugte Nahrung am Futterplatz: Fein zerriebene Haferflocken, getrocknete Beeren, Fettkleiegemische. Wenn Wintergoldhähnchen regelmäßig zu einer Futterstelle kommen, kann man ihnen Weichfresserfutter anbieten.

Seidenschwanz

Kennzeichen: Größe 18 cm, Gewicht 60 g. Gedrungene Gestalt und mit kurzem Schwanz. Auf dem Kopf eine aufgestellte Federhaube. Das Gefieder ist recht bunt. Oberseite grau, rötlichbraun angehaucht. Hintere Rückenpartie, Bürzel und Oberschwanzdecken graublau. Schwarzer Schwanz mit gelber Endbinde. Flügel im Grundton schwarz, jedoch mit auffallend weißen, gelben und roten Zeichnungen – die kleinen roten Tupfen bezeichnet man als »Siegellackplättchen«. Die Kehle ist schwarz. Federhaube rötlichbraun gefärbt. Weibchen insgesamt schlichter.

Brutbiologie: Seine Brutheimat sind Taiga und Birkenwälder in Nordeuropa.

Vorkommen im Winter: Der Seidenschwanz ist ein Wintergast, den man nicht regelmäßig beobachten kann. Während er im Norden Mitteleuropas immer wieder in geringer Anzahl auftritt, kann man ihn bei uns nur in Invasionsjahren in größeren Trupps beobachten. Er sucht dann an beeren- und früchtetragenden Sträuchern in Parkanlagen, Gärten und im Wald nach geeigneter Nahrung. Dabei kommen die Vögel auch an Futterstellen.

Bevorzugte Nahrung am Futterplatz: Getrocknete Beeren und Früchte (z.B. Eberesche, Cotoneaster, Liguster, Sanddorn und Obst).

Seidenschwanz

Anhang

Literatur

Wenn man sich mit unserer Vogelwelt näher befaßt, wird einem recht schnell deutlich, daß dies nur mit Hilfe weiterführender Literatur möglich ist.
Uns interessieren hier vor allem Bücher zum praktischen Vogelschutz: zur Biotopgestaltung, zur Winterfütterung, zum Bau von Nisthilfen und zur Behandlung »elternloser« Jungvögel.

Cibis, B.: Gefiederte Pflegekinder. Verlag Neumann-Neudamm, Melsungen.

Frisch, O. v.: Findelkinder. Franckh'sche Verlagsbuchhandlung, Stuttgart.

Haymann, P.: Vögel – Brutvögel, Durchzügler, Wintergäste. Hallwag Verlag, Bern und Stuttgart.

Jorek, N.: Vogelschutz-Praxis. F. A. Herbig Verlagsbuchhandlung, München.

Lachner, R.: Vogelvolk am Fenster. Landbuchverlag, Hannover.

Löhrl, H.: So hilft man den Vögeln – Vogelschutz das ganze Jahr. Franckh'sche Verlagsbuchhandlung, Stuttgart.

Löhrl, H.: Nisthöhlen, Kunstnester und ihre Bewohner. DBV Verlag, Stuttgart.

Löhrl, H.: Vögel am Futterplatz – Vogelverhalten im Winter beobachten. Franckh'sche Verlagsbuchhandlung, Stuttgart.

Schulze, A.: Vogeltips für Jedermann. Ehrenwirth-Verlag, München.

Singer, D.: Vogeltreffpunkt Futterhaus. Kosmos Naturführer, Franckh'sche Verlagsbuchhandlung, Stuttgart.

Stewart, H.: Aus dem Nest gefallen, was tun? Landbuch-Verlag, Hannover.

Zech, J.: Vogelhäuschen, Nistkästen, Vogeltränken. FALKEN Verlag, Niedernhausen.

Hilfreiche Adressen

BRD

Staatliche Institutionen

Baden-Württemberg: Landesanstalt für Umwelt, Institut für Ökologie und Naturschutz – Staatliche Vogelschutzwarte –, Baumwaldallee 32, 7500 Karlsruhe

Bayern: Bayerisches Landesamt für Umweltschutz – Vogelschutzwarte – Rosenkavalierplatz 3, 8000 München 81

Bremen: Senator für Umweltschutz, Birkenallee 34, Bremen 1

Hamburg: Umweltbehörde – Staatliche Vogelschutzwarte –, Steindamm 22, 2000 Hamburg 1

Hessen, Rheinland-Pfalz, Saarland: Staatliche Vogelschutzwarte, Steinauer Str. 44, 6000 Frankfurt a. M. 61

Niedersachsen: Niedersächsisches Landesverwaltungsamt – Staatliche Vogelschutzwarte –, Scharnhorststr. 1, 3000 Hannover

Nordrhein-Westfalen: Landesanstalt für Ökologie, Landschaftsentwicklung und Forstplanung – Staatliche Vogelschutzwarte –, Leibnitzstr. 10, 4350 Recklinghausen

Schleswig-Holstein: Staatliche Vogelschutzwarte Schleswig-Holstein, Olshausen Str. 40-60, 2300 Kiel

West-Berlin: Pflanzenschutzamt Berlin, Altkirchner Str. 1-3, 1000 Berlin 33

Private Institutionen

Deutscher Bund für Vogelschutz (DBV): Bundesgeschäftsstelle: Am Hofgarten 4, 5300 Bonn (Tel. 02 28–22 14 11)
DBV-Verwaltungsstelle: Max-Planck-Str. 10, 7014 Kornwestheim
(Tel. 07 11-13 18-0)

Bayern: Landesbund für Vogelschutz in Bayern e. V.
Geschäftsstelle: Kirchengasse 8, 8543 Hilpoltstein (Tel. 0 91 74-90 85)

Hamburg: Habichtstr. 125, 2000 Hamburg 60

Hessen: Friedensstr. 25, 6330 Wetzlar

Niedersachsen: Calenberger Str. 24, 3000 Hannover 1

Nordrhein-Westfalen: Am Lippeglacis 10, 4230 Wesel

Rheinland-Pfalz: Parcusstr. 12, 6500 Mainz

Saarland: Futterstraße 14, 6600 Saarbrücken

Schleswig-Holstein: Forsthof Friedrichsholz, 2210 Oelixdorf

West-Berlin: Bosestraße 30a, 1000 Berlin 42

DDR

Biologische Station Steckby, Postfach 156, DDR–3401 Steckby

Ornithologische Forschungsstelle Seebach, Lindenhof 3, DDR-5701 Seebach

Vogelwarte Hiddensee,
DDR–2346 Kloster

Österreich

Biologische Station Neusiedlersee,
A–7142 Illmitz

Österreichische Gesellschaft für Natur und Umweltschutz, Hegelgasse 21,
A–1010 Wien

Schweiz

Schweizerische Vogelwarte,
CH–6204 Sempach

Schweizerische Gesellschaft für Vogelkunde und Vogelschutz (Ala), Krähenbergstr. 53, CH–2543 Lengnau

Schweizerisches Landeskomitee für Vogelschutz (SLKV), Oberdorf, CH–8164 Bachs

Register

Kursive Seitenzahlen verweisen auf Abbildungen.

NÜTZLICHE RATGEBER

Stand: Frühjahr 1989

Essen und Trinken

Meine feine Bürgerliche Küche
(4411) Von E. Falout, 160 S., 119 Farbfotos, Pappband. ●●●

Essen in Hessen
Spezialitäten zwischen Schwalm und Odenwald. (0837) Von R. Witt, 120 S., 10 s/w-Zeichnungen, Pappband. ●●

Kochen für 1 Person
Rationell wirtschaften, abwechslungsreich und schmackhaft zubereiten. (0586) Von M. Nicolin, 104 S., 8 Farbtafeln, 23 Zeichnungen, kart. ●

Schnell und individuell
Die raffinierte Single-Küche
(4266) Von F. Faist, 160 S., 151 Farbfotos, Pappband. ●●●

Was koche ich heute?
Neue Rezepte für Fix-Gerichte. (0608) Von A. Badelt-Vogt, 112 S., 16 Farbtafeln, kart. ●

Frischer Fang aus Fluß und Meer **Fisch**
(0964) Von L. Grieser, 64 S., 69 Farbfotos, Pappband. ●

Edler Kern in harter Schale
Meeresfrüchte
(0886) Von L. Grieser, 48 S., 52 Farbfotos, Pappband. ●

Von Tatar und falschen Hasen **Hackfleisch**
(0866) Von A. und G. Eckert, 64 S., 42 Farbfotos, Pappband. ●

Aus eigener Küche **Gute Wurst**
(0948) Von J. Bessel, G. Quaas, 80 S., 8 Farbtafeln, kart. ●

Aus lauter Lust und Liebe **Knoblauch**
(0867) Von L. Reinirkens, 64 S., 45 Farbfotos, Pappband. ●

Kochen und würzen mit **Knoblauch**
(0725) Von A. und G. Eckert, 96 S., 8 Farbtafeln, kart. ●

Kochen und würzen mit **Paprika**
(0792) Von A. und G. Eckert, 88 S., 8 Farbtafeln, kart. ●

Nudelgerichte
– lecker, locker, leicht zu kochen. (0466) Von C. Stephan, 80 S., 8 Farbtafeln, kart. ●

Pasta in Höchstform **Nudeln**
(0884) Von M. Kirsch, 64 S., 62 Farbfotos, Pappband. ●

Herzhaftes für Leib und Seele **Eintöpfe**
(0820) Von P. Klein, 48 S., 30 Farbfotos, Pappband. ●

Spezialitäten unter knuspriger Decke
Aufläufe
(0882) Von C. Adam, 48 S., 33 Farbfotos, Pappband. ●

In Hülle und Fülle **Pasteten und Terrinen**
(0883) Von M. Kirsch, 48 S., 62 Farbfotos, Pappband. ●

Die Krönung der feinen Küche **Saucen**
(0817) Von G. Cavestri, 48 S., 40 Farbfotos, Pappband. ●

Kochen in höchster Vollendung
Aus vier Elementen ist alles zusammengefügt (Theophrast). (4291) Von M. Wissing, M. Kirsch, 160 S., 230 Farbfotos, Leinen geprägt mit Schutzumschlag, im Schuber, **DM 98,–**, S 784.–, Fr 90,20

Zaubern mit der schnellen Welle
Die neue Mikrowellenküche
(4289) Von F. Faist, 208 S., 188 Farbfotos, Pappband. ●●●

Ganz und gar mit Mikrowellen
(4094) Von T. Peters, 208 S., 24 Farbfotos, 12 Zeichnungen, kart. ●●●

Schnell auf den Tisch gezaubert
Kochen mit Mikrowellen
(0818) Von A. Danner, 64 S., 52 Farbfotos, Pappband. ●

Das neue Mikrowellen-Kochbuch
(0434) Von H. Neu, 80 S., 4 Farbtafeln, 16 s/w Zeichnungen, kart. ●

Natürlich Kochen im
Mikrowellen-Römertopf
(0947) Von F. Faist, 96 S., 8 Farbt., kart. ●

Gesunde Kost aus dem Römertopf
(0442) Von J. Kramer, 128 S., 8 Farbtafeln, 13 Zeichnungen, kart. ●

Das neue Fritieren
geruchlos, schmackhaft und gesund. (0365) Von P. Kühne, 88 S., 8 Farbtafeln, kart. ●

Goldbraun und knusprig
Fritierte Leckerbissen
(0868) Von F. Faist, 64 S., 47 Farbfotos, Pappband. ●

Kochen und backen im Heißluftherd
Vorteile, Gebrauchsanleitung, Rezepte. (0516) Von K. Kölner, 72 S., 8 Farbt., kart. ●

Schnell und gut gekocht
Die tollsten Rezepte für den Schnellkochtopf (0265) Von J. Ley, 96 S., 8 Farbtafeln, kart. ●

Pizza, Pasta und die feine italienische Küche
(4270) Von R. Rudatis, 120 S., 255 Farbfotos, Pappband. ●●

Schlemmerreise durch die
Italienische Küche
(4172) Von V. Pifferi. 160 S., 109 Farbfotos, Pappband. ●●●

Schlemmen wie bei Mamma Maria
Pizzas
(0815) Von F. Faist, 64 S., 62 Farbfotos, Pappband. ●

Schlemmerreise durch die
Französische Küche
(4296) Von H. Imhof, 160 S., 147 Farbfotos, 3 s/w-Fotos, Pappband. ●●●

Bocuse à la carte
Französisch kochen mit dem Meister. (4237) Von P. Bocuse, 88 S., 218 Farbfotos, Pappband. ●●

Videokassette
Kochschule mit Paul Bocuse
Der Meisterkoch verrät die Geheimnisse der französischen Küche
(6016) VHS, 60 Min. in Farbe, mit Begleitheft. ●●●●●*

Französische Küche
(0685) Von M. Gutta, 96 S., 16 Farbt., kart. ●

Schlemmerreise durch die
Chinesische Küche
(4184) Von K. H. Jen, 160 S., 117 Farbfotos, Pappband. ●●●

Verheißungsvoll fernöstlich
Spezialitäten aus dem Wok
(0933) Von H. K. Jen, 64 S., 56 Farbfotos, Pappband. ●

Chinesisch kochen
mit dem Wok- und Mongolentopf. (0557) Von C. Korn, 64 S., 8 Farbt., kart. ●

Mehr Freude und Erfolg beim **Grillen**
(4141) Von A. Berliner, 160 S., 147 Farbfotos, 10 farbige Zeichnungen, Pappband. ●●●

Köstliches von Rost und Spieß **Grillen**
(0931) Von A. Kalcher-Dähn, H. K. Kalcher, 64 S., 43 Farbfotos, Pappband. ●

Fondues · Raclettes · Flambiertes
(4081) Von R. Peiler und M.-L. Schult, 136 S., 15 Farbtafeln, 28 Zeichnungen, kart. ●●

Fondues
und fritierte Leckerbissen. (0471) Von S. Stein, 96 S., 8 Farbtafeln, kart. ●

Rezepte rund um Raclette und Doppeldecker
(0420) Von J. W. Hochscheid, 72 S., 8 Farbtafeln, kart. ●

Schlemmen in geselliger Runde
Fleischfondues
(0966) Von M. Spötter, 64 S., 62 Farbfotos, Pappband. ●

Fondues und Raclettes
(4253) Von F. Faist, 160 S., 125 Farbfotos, Pappband. ●●●

Neue, raffinierte Rezepte mit dem Raclette-Grill
(0558) Von L. Helger, 72 S., 8 Farbt., kart. ●

Schmelzendes Käsevergnügen **Raclette**
(0881) Von F. Faist, 48 S., 33 Farbfotos, Pappband. ●

Kulinarischer Feuerzauber **Flambieren**
(4294) Von R. Wesseler, 120 S., 100 Farbfotos, Pappband. ●●●

Das köstliche knackige Schlemmervergnügen **Salate**
(4165) Von V. Müller, 160 S., 80 Farbfotos, Pappband. ●●●

111 köstliche Salate
Erprobte Rezepte mit Pfiff. (0222) Von C. Schönherr, 96 S., 8 Farbtafeln, 30 Zeichnungen, kart. ●

Die hier vorgestellten Bücher, Videokassetten und Software sind in folgende Preisgruppen unterteilt:

● Preisgruppe bis DM 10,–/S 79,–/Fr.10
●● Preisgruppe über DM 10,– bis DM 20,– S 80,– bis S 160,– Fr. 10,– bis Fr. 18,70
●●● Preisgruppe über DM 20,– bis DM 30,– S 161,– bis S 240,– Fr. 18,70 bis Fr. 27,70
●●●● Preisgruppe über DM 30,– bis DM 50,– S 241,– bis S 400,– Fr. 27,70 bis Fr. 46,–
●●●●● Preisgruppe über DM 50,–/S 401,–/Fr.46,–
*(unverbindliche Preisempfehlung)

Die Preise entsprechen dem Status beim Druck dieses Verzeichnisses (s. Seite 1) – Änderungen, im besonderen der Preise, vorbehalten –

Frisch und leicht als Hauptgericht
Schlemmersalate
(0934) Von C. Adam, 64 S., 49 Farbfotos, Pappband. ●

Köstlich frisch auf den Tisch
Rohkostsalate
(0865) Von C. Adam, 48 S., 26 Farbfotos, Pappband. ●

Raffiniert und gesund würzen
Kräuterküche
(0869) Von A. Görgens, 48 S.,43 Farbfotos, Pappband. ●

Kräuter- und Heilpflanzen-Kochbuch
für eine gesunde Lebensweise.
(4066) Von P. Pervenche, 143 S., 15 Farbtafeln, kart. ●●

Joghurt, Quark, Käse und Butter
Schmackhaftes aus Milch hausgemacht.
(0739) Von M. Bustorf-Hirsch, 32 S., 59 Farbabb., Pappband. ●

Alles mit Joghurt
tagfrisch selbstgemacht, mit vielen Rezepten. (0382) Von G. Volz, 88 S., 8 Farbt., kart. ●

Locker, flockig, leicht...
Müsli & Co
(0965) Von C. Adam, 64 S., 42 Farbfotos, Pappband. ●

Das richtige Frühstück
Gesunde Vollwertkost vitaminreich und naturbelassen. (0784) Von C. Kratzel, R. Böll, 32 S., 28 Farbfotos, Pappband. ●

Bärenstark und kerngesund
Vollwertkost für Kinder
(0968) Von S. Reiter, 64 S., 44 Farbfotos, Pappband. ●

Gesunde Ernährung für mein Kind
(0776) Von M. Bustorf-Hirsch, 112 S., 8 Farbtafeln, 5 s/w-Zeichnungen, kart. ●

Meine Vollkornküche
Herzhaftes von echtem Schrot und Korn
(0858) Von S. Walz, 96 S., 8 Farbt., kart. ●

Die abwechslungsreiche Vollwertküche
Vitaminreich und naturbelassen kochen und backen. (4229) Von M. Bustorf-Hirsch, K. Siegel, 280 S., 31 Farbtafeln, 78 Zeichnungen, Pappband. ●●●●

Die verlockende Alternative
Süße Vollwertküche
(0936) Von A. Roßmeier, 64 S., 50 Farbfotos, Pappband. ●

Die gesunde Art, sich zu verwöhnen
Vollwertküche für Singles
(0937) Von A. Görgens, 64 S., 43 Farbfotos, Pappband. ●

Dinkel, Hirse, Roggenkorn...
Kerniges aus der Getreideküche
(0932) Von S. Frank, 64 S., 49 Farbfotos, Pappband. ●

Die feine Vollwertküche
(4286) Von M. Bustorf-Hirsch, 160 S., 83 Farbfotos, Pappband. ●●●

Mit Lust und Liebe...
Vollwertküche für Genießer
(4412) Von Prof. Dr. C. Leitzmann, H. Million, 256 S., 329 Farbfotos, Pappband. ●●●

Naturküche à la carte
(4406) Von M. Wissing, M. Kirsch, 160 S., 179 Farbfotos, Pappband. ●●●●

Biologische Ernährung
für eine natürliche und gesunde Lebensweise. (4125) Von G. Leibold, 136 S., 15 Farbtafeln, 47 Zeichnungen, kart. ●●

Vitaminreich und naturbelassen
Biologisch Kochen
(4162) Von M. Bustorf-Hirsch, K. Siegel, 144 S., 15 Farbtafeln, 31 Zeichn. kart. ●●

Gesund kochen
wasserarm · fettfrei · aromatisch. (4060) Von M. Gutta, 240 S., 16 Farbtafeln, 88 Abbildungen, Pappband. ●●●

Die feine Vegetarische Küche
(4235) Von F. Faist, 160 S., 191 Farbfotos, Pappband. ●●●

Würzig kochen ohne Salz
(0922) Von S. Roediger-Streubel, 160 S., 16 Farbtafeln, kart. ●●

Alternativ essen
Die gesunde Sojaküche.
(0553) Von U. Kolster, 112 S., 8 Farbt., kart. ●

Kochen mit Tofu
Die gesunde Alternative. (0894) Von U. Kolster, 80 S., 8 Farbtafeln, kart. ●

Gesund kochen mit Keimen und Sprossen
(0794) Von M. Bustorf-Hirsch, 96 S., 4 Farbtafeln, 13 s/w-Zeichnungen, kart. ●

Keime und Sprossen in der Naturküche
(4299) Von M. Bustorf-Hirsch, 96 S., 144 Farbfotos, Pappband. ●●

Backen mit Lust und Liebe
(4284) Von M. Schumacher, R. Krake, 242 S., 348 Farbfotos, 18 farb. Vignetten, 3 vierseitige Ausklapptafeln, Pappband. ●●●●

Tortenträume und Kuchenfantasien
Gebackene Köstlichkeiten originell dekoriert und verziert. (0823) Von F. Faist, 80 S., 150 Farbfotos, kart. ●●

Waffeln
Hörnchen, Pfannkuchen und Crêpes.
(0522) Von C. Stephan, 64 S., 8 Farbtafeln, kart. ●

Mehr Freude und Erfolg beim
Brotbacken
(4148) Von A. und G. Eckert, 160 S., 177 Farbfotos, Pappband. ●●●

Selbst Brotbacken
Über 50 erprobte Rezepte. (0370) Von A. und G. Eckert, 80 S., 4 Zeichnungen, 4 Farbtafeln, kart. ●

Biologisch Backen
Neue Rezeptideen für Kuchen, Brote, Kleingebäck aus vollem Korn. (4174) Von M. Bustorf-Hirsch, 136 S., 15 Farbtafeln, 47 Zeichnungen, kart. ●●

Meine Vollkornbackstube
Brot · Kuchen · Aufläufe. (0616) Von R. Raffelt, 96 S., 4 Farbtafeln, 12 Zeichnungen, kart. ●

Mit Körnern, Zimt und Mandelkern
Vollkorngebäck
(0816) Von M. Bustorf-Hirsch, 48 S., 39 Farbfotos, Pappband. ●

Knusprig, kernig, urgesund **Vollkornbrot**
(0938) Von S. Reiter, 64 S., 46 Farbfotos, Pappband. ●

Weihnachtsbäckerei
Köstliche Plätzchen, Stollen, Honigkuchen und Festtagstorten. (0682) Von M. Sauerborn, 32 S., 34 Farbfotos, Pappband. ●

Meine Weihnachtsbackstube
(5163) Von M. Sauerborn, 32 S., 23 Farbfotos, mit Vorlagebogen in Originalgröße, kart. ●

Süße Verführungen **Desserts**
(0885) Von M. Bacher, 64 S., 75 Farbfotos, Pappband. ●

Süße Geheimnisse eiskalt gelüftet
Eis und Sorbets
(0870) Von H. W. Liebheit, 48 S., 38 Farbfotos, Pappband. ●

Zart schmelzende Versuchungen
Schokolade
(0819) Von J. Schroer, 48 S., 53 Farbfotos, Pappband. ●

Mitbringsel aus meiner Küche
selbst gemacht und liebevoll verpackt.
(0668) Von C. Schönherr, 32 S., 30 Farbfotos, Pappband. ●

Marmeladen, Gelees und Konfitüren
Köstlich wie zu Omas Zeiten – einfach selbstgemacht. (0720) Von M. Gutta, 32 S., 23 Farbfotos, 1 Zeichnung, Pappband. ●

Einkochen
nach allen Regeln der Kunst. (0405) Von B. Müller, 128 S., 8 Farbtafeln, kart. ●

Einkochen, Einlegen, Einfrieren
(4055) Von B. Müller, 152 S., 27 s/w.-Abb., 16 Farbtafeln, kart. ●●

Haltbarmachen in der Öko-Küche
Gesunde Konservierungsmethoden für Obst, Gemüse, Kräuter und Pilze. (0932) Von M. Bustorf-Hirsch, 120 S., 92 Farbabb., kart. ●●

Komm, koch und back mit mir
Kunterbuntes Kochvergnügen für Kinder. (4285) Von S. und H. Theilig, illustriert von B. v. Hayek, 112 S., 45 Farbabb., Pappband. ●●

Garnieren und Verzieren
(4236) Von R. Biller, 160 S., 329 Farbfotos, 57 Zeichnungen, Pappband. ●●●

Köstlichkeiten für Gäste und Feste
Kalte Platten
(4200) Von I. Pfliegner, 160 S., 130 Farbfotos, Pappband. ●●●

Fein und raffiniert
Canapés und kleine Köstlichkeiten
(0963) Von H. Imhof, 64 S., 53 Farbfotos, Pappband. ●

Der schön gedeckte Tisch
Vom einfachen Gedeck bis zur Festtafel stimmungsvoll und perfekt arrangiert.
(4246) Von H. Tapper, 112 S., 206 Farbfotos, 21 s/w-Abbildungen, Pappband. ●●●

Phantasievolle Tischdekorationen selber machen
(0984) Von Y. Thalheim, H. Nadolny, 80 S., 174 Farbfotos, 21 Zeichnungen, kart. ●●

Tischkarten dekorativ gestalten
aus allerlei Material für viele Anlässe
(0946) Von H. York, 32 S., 108 Farbfotos, Pappband. ●

Servietten dekorativ falten
Geschmackvolle Anregungen aus Stoff und Papier. (0804) Von H. Tapper, 32 S., 134 Farbfotos, Pappband. ●

Die hier vorgestellten Bücher, Videokassetten und Software sind in folgende Preisgruppen unterteilt:

● Preisgruppe bis DM 10,–/S 79,–/Fr.10
●● Preisgruppe über DM 10,– bis DM 20,– S 80,– bis S 160,– Fr. 10,– bis Fr. 18,70
●●● Preisgruppe über DM 20,– bis DM 30,– S 161,– bis S 240,– Fr. 18,70 bis Fr. 27,70
●●●● Preisgruppe über DM 30,– bis DM 50,– S 241,– bis S 400,– Fr. 27,70 bis Fr. 46,–
●●●●● Preisgruppe über DM 50,–/S 401,–/Fr.46,–
*(unverbindliche Preisempfehlung)

Die Preise entsprechen dem Status beim Druck dieses Verzeichnisses (s. Seite 1) – Änderungen, im besonderen der Preise, vorbehalten –

Tee für Genießer.
Sorten · Riten · Rezepte. (0356) Von M. Nicolin, 64 S., 4 Farbtafeln, kart. ●

Weinlexikon
Wissenswertes über die Weine der Welt. (4149) Von U. Keller, 228 S., 6 Farbtafeln, 395 s/w-Fotos, Pappband. ●●●

Weine und Säfte, Liköre und Sekt
selbstgemacht. (0702) Von P. Arauner, 232 S., 76 Abb., kart. ●●

Fruchtig, spritzig, eisgekühlt
Mixen ohne Alkohol
(0935) Von S. Späth, 64 S., 44 Farbfotos, Pappband. ●

Cocktails
(4267) Von W. R. Hoffmann, W. Hubert, U. Lottring, 160 S., 164 Farbfotos, 1 s/w-Foto, Pappband. ●●●

Cocktails und Mixereien
für häusliche Feste und Feiern. (0075) Von J. Walker, 96 S., 4 Farbtafeln, kart. ●

Neue Cocktails und Drinks
mit und ohne Alkohol. (0517) Von S. Späth, 128 S., 4 Farbtafeln, kart. ●

Die besten Punsche, Grogs und Bowlen
(0575) Von F. Dingden, 64 S., 4 Farbt., kart. ●

SLIM
Der neue, individuelle Schlankheitsplan (4277) Von Prof. Dr. E. Menden, W. Aign. 120 S., 440 Farbfotos, Pappband. ●●●

Schlank werden nach Dr. Hay **Trennkost**
Die bewährten Vollwert-Rezepte von Ursula Summ. (4298) Von U. Summ, 96 S., 54 Farbfotos, 1 Zeichnung, kart. ●●

Vitamine und Ballaststoffe
So ermittle ich meinen täglichen Bedarf (0746) Von Prof. Dr. M. Wagner, I. Bongartz, 96 S., 6 Farbfotos, zahlreiche farb. Tabellen, kart. ●

Kalorien – Joule
Eiweiß · Fett · Kohlenhydrate tabellarisch nach gebräuchlichen Mengen. (0374) Von M. Bormio, 88 S., kart. ●

Hobby und Freizeit

Falken-Handbuch
Zeichnen und Malen
(4167) Von B. Bagnall, 336 S., 1154 Farbabb., Pappband. ●●●●●

Das große farbige PLAKA-Buch
Malen und Basteln
(4402) Von H.-J. Giesecke, 192 S., 224 Farbfotos, 20 Farb- und 4 s/w-Zeichnungen, Pappband. ●●

Einmal grad und einmal krumm
Zeichenstunden für Kinder. (0599) Von H. Witzig, 144 S., 363 Abb. kart. ●

Punkt, Punkt, Komma, Strich
Zeichenstunden für Kinder. (0564) Von H. Witzig, 144 S., über 250 Zeichnungen, kart. ●

Kalligraphie
Die Kunst des schönen Schreibens (4263) Von C. Hartmann, 120 S., 44 Farbvorlagen, 29 s/w-Vorlagen, 2 s/w-Zeichnungen, 38 Farbfotos, Pappband. ●●●●

Aquarellmalerei
als Kunst und Hobby (4147) Von H. Haack, B. Wersche, 136 S., 62 Farbfotos, 119 Zeichnungen, Pappband. ●●●●

Aquarellmalerei leicht gelernt
Materialien · Techniken · Motive. (0787) Von T. Hinz, R. Braun, B. Zeidler, 32 S., 38 Farbfotos, 1 Zeichn., Pappband. ●

Hobby Aquarellmalen
Landschaft und Stilleben. (0876) Von I. Schade, A. Brück, 80 S., 111 Farbabb., kart. ●●

Videokassette
Hobby Aquarellmalen
Landschaft und Stilleben (6022) VHS, 40 Min., in Farbe, mit Begleitheft ●●●●*

Hobby Ölmalerei
Landschaft und Stilleben. (0875) Von H. Kämper, I. Becker, 80 S., 93 Farbabb., kart. ●●

Videokassette
Hobby Ölmalerei
Landschaft und Stilleben (6025) VHS, 40 Min., in Farbe, mit Begleitheft ●●●●*

Glasmalerei
als Kunst und Hobby. (4088) Von F. Krettek und S. Beeh-Lustenberger, 132 S., 182 Farbfo tos, 38 Motivvorlagen, Pappband. ●●●●

Bauernmalerei
als Kunst und Hobby. (4057) Von A. Gast, H. Stegmüller, 128 S., 239 Farbfotos, 26 Riß-Zeichnungen, Pappband. ●●●●

Hobby Bauernmalerei
(0436) Von S. Ramos und J. Roszak, 80 S., 116 Farbf. und 28 Motivvorlagen, kart. ●●

Seidenmalerei in Vollendung
(4414) Hrsg. von R. Smend, 160 S., 227 Farbfotos, 36 s/w-Fotos, geprägter Leineneinband mit Schutzumschlag, im Schuber, **DM 98,–**, S 784,–, Fr 90,20

Seidenmalerei als Kunst und Hobby
(4264) Von S. Hahn, 136 S., Farbabb., 1 s/w-Foto, Pappband. ●●●●

Hobby Seidenmalerei
(0611) Von R. Henge, 88 S., 106 Farbfotos, 28 Zeichnungen, kart. ●●

Neue zauberhafte Seidenmalerei
Motive und Anregungen aus der Natur. (0924) Von R. Henge, 80 S., 148 Farbfotos, 27 s/w-Zeichnungen, kart. ●●

Kunstvolle Seidenmalerei
Mit zauberhaften Ideen zum Nachgestalten. (0783) Von I. Demharter, 32 S., 56 Farbfotos, Pappband. ●

Zauberhafte Seidenmalerei
Materialien · Techniken · Gestaltungsvorschläge. (0664) Von E. Dorn, 32 S., 62 Farbfotos, Pappband. ●

Aquarellieren auf Seide
Materialien · Techniken · Motive. (0917) Von I. Demharter, 32 S., 41 Farbfotos, Pappband. ●

Seidenmalerei Landschaften
(5153) Von D. Kosik, 32 S., 50 Farbfotos, 12 Zeichnungen, mit Vorlagebogen in Originalgröße, kart. ●

Seidenmalerei Kissen
(5151) Von I. Demharter, 32 S., 42 Farbfotos, 2 Zeichnungen, mit Vorlagebogen in Originalgröße, kart. ●

Seidenmalerei Tücher und Schals
(5152) Von R. Henge, 32 S., 36 Farbfotos, 1 Zeichnung, mit Vorlagebogen in Originalgröße, kart. ●

Seidenmalerei Lampenschirme
(5154) Von I. Walter-Ammon, 32 S., 47 Farbfotos, 1 Zeichnung, mit Vorlagebogen in Originalgröße, kart. ●

Seidenmalerei Blüten, Blätter, Ranken
(5165) Von D. Kosik, 32 S., 35 Farbfotos, 4 Zeichnungen, mit Vorlagebogen in Originalgröße, kart. ●

Seidenmalerei Schmuckkarten und Miniaturbilder
(5166) Von I. Walter-Ammon, 32 S., 37 Farbfotos, 2 Zeichnungen, mit Vorlagebogen in Originalgröße, kart. ●

Falken-Handbuch **Häkeln**
ABC der Häkeltechniken und Häkelmuster in ausführlichen Schritt-für-Schritt-Bildfolgen. (4194) Von H. Fuchs, M. Natter, 288 S., 1073 Farbabb., Pappband. ●●●●

Das moderne Standardwerk von der Expertin
Perfekt Stricken
Mit Sonderteil Häkeln. (4250) Von H. Jaacks, 256 S., 703 Farbfotos, 169 Farb- und 121 s/w-Zeichnungen, Pappband. ●●●

Videokassette
Perfekt Stricken
Neue Techniken Schritt für Schritt vorgestellt von H. Jaacks, 51 Min., in Farbe, mit Begleitheft. ●●●●*

Falken-Handbuch **Stricken**
ABC der Stricktechniken und Strickmuster in ausführlichen Schritt-für-Schritt-Bildfolgen. (4137) Von M. Natter, 312 S., 106 Farb- und 922 s/w-Fotos, 318 Zeichnungen, Pappband. ●●●●

Hobby Patchwork und Quilten
(0768) Von B. Staub-Wachsmuth, 80 S., 108 Farbabb., 43 Zeichnungen, kart. ●●

Hobby Applikationen
Materialien · Techniken · Modelle (0899) Von H. Probst-Reinhardt, 80 S., 92 Farbfotos, 31 Zeichnungen, kart. ●●

Hobby Spitzencollagen
Bezaubernde Motive aus edlem Material. (0847) Von H. Westphal, 80 S., 186 Farbfotos, kart. ●●

Falken-Handbuch **Nähen**
Abc der Nähtechniken und kreative Modellschneiderei in ausführlichen Schritt-für-Schritt-Bildfolgen. (4272) Von A. Bree, 320 S., 1142 Abbildungen, Schnittmusterbogen für alle Modelle, Pappband. ●●●●

Kreatives Bilderweben
Materialien · Vorlagen · Motive (0814) Von A. Schulte-Huxel, 32 S., 58 Farbfotos, 8 Zeichnungen, Pappband. ●

Die schönsten Handarbeiten zum Verschenken
(4225) Von B. Wenzelburger, 128 S., 156 Farbfotos, 70 zweifarbige Zeichnungen, Pappband. ●●●●

Die hier vorgestellten Bücher, Videokassetten und Software sind in folgende Preisgruppen unterteilt:

● Preisgruppe bis DM 10,–/S 79,–/Fr.10
●● Preisgruppe über DM 10,– bis DM 20,– S 80,– bis S 160,– Fr. 10,– bis Fr. 18,70
●●● Preisgruppe über DM 20,– bis DM 30,– S 161,– bis S 240,– Fr. 18,70 bis Fr. 27,70
●●●● Preisgruppe über DM 30,– bis DM 50,– S 241,– bis S 400,– Fr. 27,70 bis Fr. 46,–
●●●●● Preisgruppe über DM 50,–/S 401,–/Fr.46,–
*(unverbindliche Preisempfehlung)

Die Preise entsprechen dem Status beim Druck dieses Verzeichnisses (s. Seite 1) – Änderungen, im besonderen der Preise, vorbehalten –

Zauberhafte alte Puppen
Sammeln · Restaurieren · Nachbilden
(4255) Von C.A. Stanton, J. Jacobs, 120 S., 157 Farbfotos, 24 Zeichnungen, Pappband. ●●●●

Hobby Puppen
Bezaubernde Modelle selbst gestalten.
(0742) Von B. Wenzelburger, 88 S., 163 Farbfotos, 41 Zeichn., 11 Schnittmuster, kart. ●●

Selbstgestrickte Puppen
Materialien und Arbeitsanleitungen.
(0638) Von B. Wehrle, 32 S., 21 Farbfotos, 24 Zeichnungen, Pappband. ●

Kuscheltiere stricken und häkeln
Arbeitsanleitungen und Modelle. (0734) Von B. Wehrle, 32 S., 60 Farbfotos, 28 Zeichnungen, Spiralbindung. ●

Phantasiepuppen stricken und häkeln
Märchenhafte Modelle mit Arbeitsanleitungen. (0813) Von B. Wehrle, 32 S., 26 Farbfotos, 46 Zeichnungen, Pappband. ●

Dekorative Rupfenpuppen
Arbeitsanleitungen und Gestaltungsvorschläge. (0733) Von B. Wenzelburger, 32 S., 57 Farbfotos, 14 Zeichnungen, Spiralbindung. ●

Teddybären
Sechs beliebte Modelle
(5159) Von Y. Thalheim, H. Nadolny, 32 S., 46 Farbfotos, 9 Zeichnungen, mit Vorlagebogen in Originalgröße, kart. ●

Heißgeliebte Teddybären
Selbermachen · Sammeln · Restaurieren.
(0900) Von H. Nadolny, Y. Thalheim, 80 S., 119 Farbfotos, 23 s/w-Zeichnungen, 14 S. Schnittmusterbogen, kart. ●●

Hobby Salzteig
(0662) Von I. Kiskalt, 80 S., 150 Farbfotos, 5 Zeichnungen, Schablonen, kart. ●●

Neue zauberhafte Salzteig-Ideen
(0719) Von I. Kiskalt, 80 S., 324 Farbfotos, 12 Zeichnungen, Schablonen, kart. ●●

Kreatives Gestalten mit Salzteig
Originelle Motive für Fortgeschrittene.
(0769) Hrsg. I. Kiskalt, 80 S., 168 Farbfotos, kart. ●●

Originell und dekorativ
Salzteig mit Naturmaterialien
(0833) Von A. und H. Wegener, 80 S., 166 Farbfotos, kart. ●●

Salzteig kinderleicht
(0973) Von I. Kiskalt, 80 S., 224 Farbfotos, 8 Zeichnungen, kart. ●●

Gestalten mit Salzteig
formen · bemalen · lackieren. (0613) Von W.-U. Cropp, 32 S., 56 Farbfotos, 17 Zeichnungen, Pappband. ●

Videokassette
Hobby Salzteig
(6010) VHS. in Farbe, 35 Min., mit Begleitheft. ●●●

Schöne Sachen modellieren
Originelles aus Cernit – ideenreich gestaltet.
(0762) Von G. Thelen, 32 S., 105 Farbfotos, Pappband. ●

Töpfern
als Kunst und Hobby. (4073) Von J. Fricke, 132 S., 37 Farbfotos, 222 s/w-Fotos, Pappband. ●●●●

Kreatives Gestalten mit Ton
Töpfern ohne Scheibe – Aufbaukeramik
(0896) Von A. Riedinger, 80 S., 207 Farbfotos, 16 Zeichnungen, 7 Vignetten, kart. ●●

Hobby Glaskunst in Tiffany-Technik
(0781) Von N. Köppel, 80 S., 194 Farbfotos, 6 s/w-Abb., kart., ●●

Tiffany-Lampen selbermachen
Arbeitsanleitung · Materialien · Modelle.
(0684) Von I. Spliethoff, 32 S., 60 Farbfotos, 19 Zeichnungen, Pappband. ●

Tiffany-Spiegel selbermachen
Materialien · Arbeitsanleitung · Vorlagen.
(0761) Von R. Thomas, 32 S., 53 Farbabb., Pappband. ●

Fensterbilder in Tiffany-Technik
(5168) Von P. Matz, 32 S., 43 Farbfotos, mit Vorlagebogen in Originalgröße, kart. ●

Tiffany-Schmuck selbermachen
Materialien · Arbeitsanleitungen · Modelle.
(0871) Von B. Poludniak, H. W. Scheib, 32 S., 55 Farbfotos, Pappband. ●

Tiffany-Technik
und andere kunstvolle Arbeiten in Glas
(0972) Von. D. Köhnen, 80 S., 176 Farbfotos, 5 s/w-Zeichnungen, kart. ●●

Tiffany-Gürtelschnallen
(5160) Von G.G. Scheib, R. Grella, 32 S., 52 Farbfotos, 1 Zeichnung, mit Vorlagebogen in Originalgröße, kart. ●

Schmuck, Accessoires und Dekoratives
aus Fimo modelliert. (0873) Von A. Aurich, 32. S., 54 Farbfotos, Pappband. ●

Modeschmuck mit Federn und Straß
(5167) Von J. Niemeier, 32 S., 41 Farbfotos, mit Vorlagebogen in Originalgröße, kart. ●

Exklusiver Modeschmuck
aus dem eigenen Atelier
(0925) Von J. Niemeier, J. Klein, 80 S., 141 Farbfotos, 25 Zeichnungen, kart. ●●

Gestalten mit Glasperlen
fädeln · sticken · weben (0640) Von A. Köhler, 32 S., 55 Farbfotos, Spiralbindung. ●

Masken
phantasievoll dekorieren
(5155) Von Chr. Familler, 32 S., 48 Farbfotos, mit Vorlagebogen in Originalgröße, kart. ●

Bastelspaß mit der Laubsäge
Mit Schnittmusterbogen für viele Modelle in Originalgröße. (0741) Von L. Giesche, M. Bausch, 32 S., 61 Farbfotos, 7 Zeichnungen, Schnittmusterbogen, Pappband. ●

Strohschmuck selbstgebastelt
Sterne, Figuren und andere Dekorationen
(0740) Von E. Rombach, 32 S., 60 Farbfotos, 17 Zeichnungen, Pappband. ●

Hobby Drachen
bauen und steigen lassen. (0767) Von W. Schimmelpfennig, 80 S., 1 dreiseitige Ausklapptafel, 55 Farbfotos, 139 Zeichnungen kart. ●●

Drachen
Einfache Modelle für Kinder
(5156) Von W. Schimmelpfennig, 32 S., 11 Farbfotos, 31 Zeichnungen, mit Vorlagebogen in Originalgröße, kart. ●

Das große farbige
Bastelbuch für Kinder
(4254) Von U. Barff, I. Burkhardt, J. Maier. 224 S., 157 Farbfotos, 430 Farb- und 60 s/w-Zeichnungen, mit Schnittmusterbogen, Pappband. ●●●

Videokassette
Basteln mit Kindern
(6041) VHS, 60 Min., in Farbe, mit Begleitheft, ●●●●*

Heut basteln wir mit Pappe und Papier
(4413) Von U. Barff, J. Maier, 224 S., 117 Farbfotos, 480 Farbzeichnungen, 25 s/w-Abbildungen, mit Schnittmusterbogen, Pappband. ●●●

Hobby Origami
Papierfalten für groß und klein.
(0756) Von Z. Aytüre-Scheele, 80 S., 820 Farbfotos, kart. ●●

Neue zauberhafte Origami-Ideen
Papierfalten für groß und klein.
(0805) Von Z. Aytüre-Scheele, 80 S., 720 Farbfotos, kart. ●●

Origami –
Die Kunst des Papierfaltens. (0280) Von R. Harbin, 112 S., 633 Zeichnungen, 9 Fotos, kart. ●

Schritt für Schritt zum Scherenschnitt
Materialien · Techniken · Gestaltungsvorschläge. (0732) Von H. Klingmüller, 32 S., 38 Farbfotos, 34 Vorlagen, Pappband. ●

Fensterbilder in Scherenschnitt
(5169) Von A. Hahn, 32 S., 52 Farbfotos, 3 s/w-Fotos, mit Vorlagebogen in Originalgröße, kart. ●

Fensterbilder aus Papier
(5158) Von E. Rüscher, 32 S., 39 Farbfotos, 5 Zeichnungen, mit Vorlagebogen in Originalgröße, kart. ●

Papierflieger
(5157) Von T. Gött, 32 S., 73 Farbfotos, 19 Zeichnungen, mit Vorlagebogen in Originalgröße, kart. ●

Schachteln basteln und dekorieren
(5170) Von Chr. Adjano, 32 S., 55 Farbfotos, mit Vorlagebogen in Originalgröße, kart. ●

Deco Art
Die Kunst, Geschenke zu verpacken
(0949) Von B. Niermann, 80 S., 78 Farbfotos, 191 Zeichnungen, kart. ●●

Tischkarten dekorativ gestalten
aus allerlei Material für viele Anlässe
(0946) Von H. York, 32 S., 108 Farbfotos, Pappband. ●

Altes Brauchtum neu entdeckt
Schmuck-Eier
Kunstvoll gestalten und verzieren. (0919) Von I. Kiskalt, 32 S., 45 Farbfotos, 3 s/w-Zeichnungen, Pappband. ●

Basteln für Ostern
(5164) Von Chr. Adjano, 32 S., 47 Farbfotos, mit Vorlagebogen in Originalgröße, kart. ●

Alle Jahre wieder…
Advent und Weihnachten
Basteln, Backen, Schmücken, Singen, Vorlesen, Feiern.
(4260) Von H. und Y. Nadolny, 256 S., 105 Farbfotos, 130 Zeichn., Pappband. ●●●

Die hier vorgestellten Bücher, Videokassetten und Software sind in folgende Preisgruppen unterteilt:

● Preisgruppe bis DM 10,–/S 79,–/Fr.10
●● Preisgruppe über DM 10,– bis DM 20,– S 80,– bis S 160,– Fr. 10,– bis Fr. 18,70
●●● Preisgruppe über DM 20,– bis DM 30,– S 161,– bis S 240,– Fr. 18,70 bis Fr. 27,70
●●●● Preisgruppe über DM 30,– bis DM 50,– S 241,– bis S 400,– Fr. 27,70 bis Fr. 46,–
●●●●● Preisgruppe über DM 50,–/S 401,–/Fr.46,–
*(unverbindliche Preisempfehlung)

Die Preise entsprechen dem Status beim Druck dieses Verzeichnisses (s. Seite 1) – Änderungen, im besonderen der Preise, vorbehalten –

Basteln für Weihnachten
(5162) Von Chr. Adjano, 32 S., 44 Farbfotos, mit Vorlagebogen in Originalgröße, kart. ●

Weihnachtsbasteleien
Advents- und Weihnachtsschmuck für groß und klein
(0667) Von M. Kühnle und S. Beck, 32 S., 56 Farbfotos, 6 Zeichnungen, Pappband. ●

Feuerzeichen behaglicher Wohnkultur
Kachelöfen, Kamine und Kaminöfen
(4288) Hrsg. von C. Berninghaus. Von R. Heinen, G. Kosicek, H.P. Sabborrosch, 168 S., 291 Farbfotos, 2 s/w-Fotos, 8 Zeichnungen, Pappband. ●●●●

Garagentore selbst bemalt
Techniken und Motive.(0786) Von H. und Y. Nadolny, 32 S., 34 Farbfotos, 12 s/w-Zeichnungen, Pappband. ●

Falken Handbuch
Heimwerken
Reparieren und Selbermachen im Haus und Wohnung – über 1100 Farbfotos. Praktische Tips vom Profi: Selbermachen, Reparieren, Renovieren, Kostensparen. (4117) Von Th. Pochert, 440 S., 1103 Farbfotos, 100 ein- und zweifarbige Abb., Pappband. ●●●●

Restaurieren von Möbeln
Stilkunde, Materialien, Techniken, Arbeitsanleitungen in Bildfolgen.
(4120) Von E. Schnaus-Lorey, 152 S., 37 Farbfotos, 75 s/w-Fotos, 352 Zeichnungen, Pappband. ●●●●

Möbel aufarbeiten, reparieren und pflegen
(0386) Von E. Schnaus-Lorey, 96 S., 28 Fotos, 101 Zeichnungen, kart. ●

FALKEN-Heimwerker-Praxis
Kleinmöbel aus Holz
(0905) Von O. Maier, 128 S., 210 Farbfotos, 80 Zeichnungen, kart. ●●

FALKEN-Heimwerker-Praxis
Tapezieren
(0743) Von W. Nitschke, 112 S., 186 Farbfotos, 9 Zeichnungen, kart. ●●

FALKEN-Heimwerker-Praxis
Anstreichen und Lackieren
(0771) Von P. Müller, 120 S., 196 Farbfotos, 2 s/w-Fotos, 3 Zeichnungen, kart. ●●

FALKEN-Heimwerker-Praxis
Elektroarbeiten
(0975) Von K.H. Schubert, 120 S., 193 Farbfotos, 40 Zeichnungen, kart. ●●

FALKEN-Heimwerker-Praxis
Fahrrad-Reparaturen
(0796) Von R. van der Plas, 112 S., 140 Farbfotos, 113 farbige Zeichnungen, kart. ●●

Ikebana
Einführung in die japanische Kunst des Blumensteckens. (0548) Von G. Vocke, 152 S., 47 Farbfotos, kart. ●●

Blütenbilder aus Blumen und Blättern
Phantasievolle Naturcollagen.
(0872) Von G. Schamp, 32 S., 57 Farbfotos, 1 Zeichnung, Pappband. ●

Hobby Gewürzsträuße
und zauberhafte Gebinde nach Salzburger Art. (0726) Von A. Ott, 80 S., 101 Farbfotos, 51 farbige Zeichnunen, kart. ●●

Hobby Trockenblumen
Gewürzsträuße, Gestecke, Kränze, Buketts. (0643) Von R. Strobel-Schulze, 88 S., 170 Farbfotos, kart. ●●

Neue zauberhafte Trockenblumen-Ideen
(0821) Von R. Strobel-Schulze, 80 S., 163 Farbfotos, kart. ●●

Mit vollem Genuß
Pfeife rauchen
Alles über Tabaksorten, Pfeifen und Zubehör. (4227) Von H. Behrens, H. Frickert, 168 S., 127 Farbfotos, 18 Zeichn., Pappband. ●●●●

Pfeiferauchen leicht gemacht
Die richtige Art, Tabak zu genießen
(1026) Von O. Pollner, Ca. 112 S., ca. 120 Farbfotos, ca. 4 s/w-Abb., kart. ●●

Münzen
Ein Brevier für Sammler. (0353) Von E. Dehnke, 128 S., 4 Farbtafeln, 17 s/w-Abb., kart. ●●

Die Fazination der Philatelie
Briefmarken sammeln
(4273) Von D. Stein, 212 S., 124 s/w-Fotos, 24 Farbtafeln, Pappband. ●●●

Briefmarken
sammeln für Anfänger. (0481) Von D. Stein. 120 S., 4 Farbtafeln, 98 s/w-Abb., kart. ●

Freizeit mit dem Mikroskop
(0291) Von M. Deckart, 132 S., 8 Farbtafeln, 64 s/w-Abb., 2 Zeichnungen, kart. ●●

Astronomie im Bild
Unser Sternenhimmel rund ums Jahr
(0849) Von Dr. E. Übelacker, 88 S., 48 Farbfotos, 1 s/w-Foto, 68 Farbzeichn., kart. ●●

Astronomie als Hobby
Sternbilder und Planeten erkennen und benennen. (0572) Von D. Block, 176 S., 16 Farbtafeln, 49 s/w-Fotos, 93 Zeichnungen, kart. ●●

Moderne Fotopraxis
(4401) Von G. Koshofer, Prof. H. Wedewardt, 224 S., 363 Farbfotos, 106 s/w-Fotos, 5 Farb- und 24 s/w-Zeichnungen, Pappband. ●●●

Mach dir ein Bild
Praxistips für Foto, Film und Video
(4410) Von G. Staab, 208 S., 202 Farbfotos, 175 s/w-Fotos, 1 Zeichnung, Pappband. ●●●

So macht man bessere Fotos
Das meistverkaufte Fotobuch der Welt.
(0614) Von M. L. Taylor, 192 S., 457 Farbfotos, 8 s/w-Fotos, 7 Zeichnungen, kart. ●●

Aktfotografie
Interpretationen zu einem unerschöpflichen Thema. Gestaltung · Technik · Spezialeffekte. (0737) Von H. Wedewardt, 88 S., 144 Farb- und 6 s/w-Fotos, 6 Zeichnungen, kart. ●●

Videokassette
Aktfotografie
Gestaltung, Technik, Spezialeffekte
(6001) VHS, Laufzeit 60 Min., mit Begleitheft, in Farbe. ●●●●●*

Videografieren
Filmen mit Video 8. Technik – Bildgestaltung – Schnitt – Vertonung. (0843) Von M. Wild, K. Möller, 120 S., 101 Farbfotos, 22 s/w-Fotos, 52 Zeichnungen, kart. ●●

Videokassette
Videografieren
Filmen mit Video 8. Technik – Bildgestaltung - Schnitt - Vertonung. (6031) VHS, (6033) Beta, (6034) Video 8, 60 Min., in Farbe, mit Begleitheft. ●●●●●*

Videografieren perfekt
Profitricks für Aufnahmetechnik und Nachbearbeitung
(0969) Von W. Schild, 120 S., 133 Farbabb., 4 s/w-Zeichnungen, kart. ●●●

Videokassette
Videografieren perfekt
(6042) VHS, (6043) Beta, (6044) Video 8, 60 Min., in Farbe, mit Begleitheft. ●●●●●*

Schmalfilmen
Ausrüstung · Aufnahmepraxis · Schnitt · Ton. (0342) Von U. Ney, 108 S., 4 Farbtafeln, 25 s/w-Fotos, kart. ●

Schmalfilme selbst vertonen
(0593) Von U. Ney, 96 S., 57 s/w-Fotos, 14 Zeichnungen, kart. ●

Anlagenbau in Modultechnik
für Modelleisenbahnen und Dioramen. (0845) Von J. Thal, 104 S., 68 Farbfotos, 28 Zeichnungen, kart. ●●●

Videokassette
Die Modelleisenbahn
Anlagenbau in Modultechnik. Neue kreative Gestaltung. Neue raffinierte Techniken. (6028) VHS, 30 Min., in Farbe, ●●●●*

Kleine Welt auf Rädern
Das faszinierende Spiel mit **Modelleisenbahnen** (4175) Von F. Eisen, 256 S., 72 Farb- und 180 s/w-Fotos, 25 Zeichnungen, Pappband. ●●●

Flugmodelle
bauen und einfliegen. (0361) Von W. Thies und W. Rolf, 160 S., 63 Abb., 7 Faltpläne, kart. ●●

Die Super-Sportwagen der Welt
(4423) Von H.G. Isenberg, 194 S., 184 Farbfotos, 4 farbige Ausklapptafeln, 32 s/w-Fotos, Pappband. ●●●●

Die Super-Trucks der Welt
(4257) Von H. G. Isenberg, 194 S., 205 Farbfotos, 87 s/w-Fotos, 7 Farbzeichnungen, 4 farb. Ausklapptafeln, Pappband. ●●●●

Die Super-Motorräder der Welt
(4193) Von H. G. Isenberg, 192 S., 170 Farb- und 100 s/w-Fotos, 8 Zeichnungen, Pappband. ●●●●

Die Super-Eisenbahnen der Welt
(4287) Von W. Kosak, H. G. Isenberg, 224 S., 269 Farbfotos, 79 s/w-Fotos, 8 Vignetten, 5 farb. Ausklapptafeln, Pappband. ●●●●

Elektronik als Hobby
Von der Grundlagenschaltung zum integrierten Schaltkreis
Mit 8 wichtigen Universalplatinen
(4293) Von W. Priesterath, 264 S., 80 s/w-Fotos, 128 Zeichn., Pappband. ●●●

Die hier vorgestellten Bücher, Videokassetten und Software sind in folgende Preisgruppen unterteilt:

● Preisgruppe bis DM 10,–/S 79,–/Fr.10
●● Preisgruppe über DM 10,– bis DM 20,– S 80,– bis S 160,– Fr. 10,– bis Fr. 18,70
●●● Preisgruppe über DM 20,– bis DM 30,– S 161,– bis S 240,– Fr. 18,70 bis Fr. 27,70
●●●● Preisgruppe über DM 30,– bis DM 50,– S 241,– bis S 400,– Fr. 27,70 bis Fr. 46,–
●●●●● Preisgruppe über DM 50,–/S 401,–/Fr.46,–
*(unverbindliche Preisempfehlung)

Die Preise entsprechen dem Status beim Druck dieses Verzeichnisses (s. Seite 1) – Änderungen, im besonderen der Preise, vorbehalten –

Sport und Fitneß

Neue Lehrmethoden der Judo-Praxis
(0424) Von P. Herrmann, 223 S., 475 Abb., kart. ●●

Judo
Grundlagen - Methodik. (0305) Von M. Ohgo, 208 S., 1025 Fotos, kart. ●●

Fußwürfe
für Judo, Karate und Selbstverteidigung. (0439) Von H. Nishioka, übers. von H.J. Heese, 96 S., 260 Abb., kart. ●

Modernes Karate
Das große Standardwerk mit 2279 Abbildungen. (4280) Von T. Okazaki, Dr. med. M. V. Stricevic, übers. von M. Pabst, 376 S., 2279 s/w-Abb., Pappband. ●●●●●

Nakayamas Karate perfekt 1
Einführung. (0487) Von M. Nakayama, 136 S., 605 s/w-Fotos, kart. ●●

Nakayamas Karate perfekt 2
Grundtechniken. (0512) Von M. Nakayama, 136 S., 354 s/w-Fotos, 53 Zeichn., kart. ●●

Nakayamas Karate perfekt 3
Kumite 1: Kampfübungen. (0538) Von M. Nakayama, 128 S., 424 s/w-Fotos, kart. ●●

Nakayamas Karate perfekt 4
Kumite 2: Kampfübungen. (0547) Von M. Nakayama, 128 S., 394 s/w-Fotos, kart. ●●

Nakayamas Karate perfekt 5
Kata 1: Heian, Tekki. (0571) Von M. Nakayama, 144 S., 1229 s/w-Fotos, kart. ●●

Nakayamas Karate perfekt 6
Kata 2: Bassai-Dai, Kanku-Dai, (0600) Von M. Nakayama, 144 S., 1300 s/w-Fotos, 107 Zeichnungen, kart. ●●

Nakayamas Karate perfekt 7
Kata 3: Jitte, Hangetsu, Empi. (0618) Von M. Nakayama, 144 S., 1988 s/w-Fotos, 105 Zeichnungen, kart. ●●

Nakayamas Karate perfekt 8
Gankaku, Jion. (0650) Von M. Nakayama, 144 S., 1174 s/w-Fotos, 99 Zeichnungen, kart. ●●

Karate für alle
Karate-Selbstverteidigung in Bildern. (0314) Von A. Pflüger, 112 S., 356 s/w-Fotos, kart. ●

Fit mit **Karate**
(2308) Von A. Pflüger, 96 S., 134 Farbfotos, 4 s/w-Zeichnungen, kart. ●●

25 Shotokan-Katas
Auf einen Blick: Karate–Katas für Prüfungen und Wettkämpfe. (0859) Von A. Pflüger, 88 S., 185 s/w-Abb., 24 ganzseitige Tafeln mit über 1.600 Einzelschritten, kart. ●●

Kontakt-Karate
Ausrüstung · Technik · Training. (0396) Von A. Pflüger, 112 S., 238 s/w-Fotos, kart. ●●

Karate-Do
Das Handbuch des modernen Karate. (4028) Von A. Pflüger, 360 S., 1159 Abb., Pbd. ●●●●

Bo-Karate
Habo-Jitsu – die Techniken des Stockkampfes. (0447) Von G. Stiebler, 176 S., 424 s/w-Fotos, 38 Zeichnungen, kart. ●●

Videokassette
Karate
Einführung und Grundtechniken. (6037) VHS, 45 Min., in Farbe, mit Begleitheft. ●●●●●*

Karate 1
Einführung · Grundtechniken. (0227) Von A. Pflüger, 144 S., 195 s/w-Fotos, 120 Zeichnungen, kart. ●

Karate 2
Kombinationstechniken · Katas. (0239) Von A. Pflüger, 176 S., 452 s/w-Fotos und Zeichnungen,kart. ●

Karate Kata 1
Heian 1–5, Tekki 1, Bassai Dai. (0683) Von W.-D. Wichmann, 164 S., 703 s/w-Fotos, kart. ●●

Karate Kata 2
Jion, Empi, Kanku-Dai, Hangetsu. (0723) Von W.-D. Wichmann, 140 S., 661 s/w-Fotos, 4 Zeichnungen, kart. ●●

Der König des Kung-Fu
Bruce Lee
Sein Leben und Kampf. (0392) Von L. Lee, 136 S., 104 s/w-Fotos, kart. ●●

Bruce Lees Kampfstil 1
Grundtechniken. (0473) Von B. Lee, M. Uyehara, 109 S., 220 Abb., kart. ●

Bruce Lees Kampfstil 2
Selbstverteidigungs-Techniken. (0486) Von B. Lee, M. Uyehara, 128 S., 310 Abb., kart. ●

Bruce Lees Kampfstil 3
Trainingslehre. (0503) Von B. Lee, M. Uyehara, 112 S., 246 Abb., kart. ●

Bruce Lees Kampfstil 4
Kampftechniken. (0523) Von B. Lee, M. Uyehara, 104 S., 211 Abb., kart. ●

Kung-Fu 1
Legende · Philosophie · Grundtechniken (0891) Von Chr. Yim, 152 S., 401 s/w-Fotos, 2 s/w-Zeichnungen, kart. ●●

Kung-Fu und Tai-Chi
Grundlagen und Bewegungsabläufe. (0367) Von B. Tegner, 182 S., 370 s/w-Fotos, kart. ●●

Kung-Fu
Theorie und Praxis klassischer und moderner Stile. (0376) Von M. Pabst, 160 S., 330 Abb., kart. ●●

Bruce Lees Jeet Kune Do
(0440) Von B. Lee, 192 S., mit 105 eigenhändigen Zeichnungen von B. Lee, kart. ●●

Shaolin-Kempo – Kung-Fu
Chinesisches Karate im Drachenstil. (0395) Von R. Czerni, K. Konrad, 246 S., 723 Abb., kart. ●●

Kickboxen
Fitneßtraining und Wettkampfsport. (0795) Von G. Lemmens, 96 S., 208 s/w-Fotos, 23 Zeichnungen, kart. ●●

Ninja 1
Die Lehre der Schattenkämpfer. (0758) Von S.K. Hayes, übers. von J. Schmit, 144 S., 137 s/w-Fotos, kart. ●●

Ninja 2
Die Wege zum Shoshin (0763) Von S.K. Hayes, übers. von J. Schmit, 160 S., 309 s/w-Fotos, 2 Zeichnungen, kart. ●●

Ninja 3
Der Pfad des Togakure-Kämpfers. (0764) Von S.K. Hayes, übers. von J. Schmit, 144 S., 197 s/w-Fotos, 2 Zeichnungen, kart. ●●

Ninja 4
Das Vermächtnis der Schattenkämpfer. (0807) Von S.K. Hayes, übers. von J. Schmit, 196 S., 466 s/w-Fotos, kart. ●●

Ju-Jutsu als Wettkampf
(0826) Von G. Kulot, 168 S., 418 s/w-Fotos, 2 Zeichnungen, kart. ●●

Ju-Jutsu 1
Grundtechniken - Moderne Selbstverteidigung. (0276) Von W. Heim, F.J. Gresch, 164 S., 450 s/w-Fotos, 8 Zeichn., kart. ●

Ju-Jutsu 2
für Fortgeschrittene und Meister. (0378) Von W. Heim, F. J. Gresch, 160 S., 798 s/w-Fotos, kart. ●●

Ju-Jutsu 3
Spezial-, Gegen- und Weiterführungs-Techniken · Stockkampfkunst. (0485) Von W. Heim, F.J. Gresch, 200 S., über 600 s/w-Fotos, kart. ●●

Shuriken · Tonfa · Sai
Stockfechten und andere bewaffnete kampfsportarten aus Fernost. (0397) Von A. Schultz, 96 S., 253 s/w-Fotos, kart. ●●

Illustriertes Handbuch des Taekwondo
Koreanische Kampfkunst und Selbstverteidigung. (4053) Von K. Gil, 248 S., 1026 Abb., Pappband. ●●●

Taekwondo perfekt 1
Die Formenschule bis zum Blaugurt. (0890) Von K. Gil, Kim Chul-Hwan, 176 S., 439 s/w-Fotos, 107 Zeichnungen, kart. ●●

Taekwondo perfekt 2
Die Formenschule vom Blau- bis zum Schwarzgurt (0976) Von K. Gil, K. Chul-Hwan, 192 S., 461 s/w-Fotos, 112 Zeichnungen, kart. ●●

Taekwon-Do
Koreanischer Kampfsport. (0347) Von K. Gil, 152 S., 408 Abb., kart. ●●

Aikido
Lehren und Techniken des harmonischen Weges. (0537) Von R. Brand, 280 S., 697 Abb., kart. ●●

Hap Ki Do
Grundlagen und Techniken koreanischer Selbstverteidigung. (0379) Von Kim Sou Bong, 112 S., 153 Abb., kart. ●●

Dynamische Tritte
Grundlagen für den Zweikampf. (0438) Von C. Lee, 96 S., 398 s/w-Fotos, 10 Zeichnungen, kart. ●●

Selbstverteidigung
Abwehrtechniken für Sie und Ihn (0853) Von E. Deser, 96 S., 259 s/w-Fotos, kart. ●

Die Faszination athletischer Körper
Bodybuilding
mit Weltmeister Ralf Möller. (4281) Von R. Möller, 128 S., 169 Farbfotos, 14 s/w-Fotos, 1 Farbzeichn., Pappband. ●●●●

Die hier vorgestellten Bücher, Videokassetten und Software sind in folgende Preisgruppen unterteilt:

● Preisgruppe bis DM 10,–/S 79,–/Fr.10
●● Preisgruppe über DM 10,– bis DM 20,–/S 80,– bis S 160,–/Fr. 10,– bis Fr. 18,70
●●● Preisgruppe über DM 20,– bis DM 30,–/S 161,– bis S 240,–/Fr. 18,70 bis Fr. 27,70
●●●● Preisgruppe über DM 30,– bis DM 50,–/S 241,– bis S 400,–/Fr. 27,70 bis Fr. 46,–
●●●●● Preisgruppe über DM 50,–/S 401,–/Fr.46,–
*(unverbindliche Preisempfehlung)

Die Preise entsprechen dem Status beim Druck dieses Verzeichnisses (s. Seite 1) – Änderungen, im besonderen der Preise, vorbehalten –

Falken-Verlag GmbH · Postfach 1120 FALKEN D-6272 Niedernhausen/Ts. · Tel.: 06127/7020

Bodyshaping · Bodybuilding
Mit Anja Albrecht zur Idealfigur. (4405) Von A. Albrecht, 128 S., 164 Farbfotos, 4 s/w-Fotos, 1 Farb- und 1 s/w-Zeichnung, Pappband. ●●●●

Ladyfitneß
Das neue Körperbewußtsein der Frau
Bodyshaping · Körperpflege · Ernährung · Entspannung
(4433) Von Prof. Dr. S. Starischka, B. Grabis, D. von Gramm, G.W. Kienitz, ca. 128 S., ca. 113 Farbfotos, Pappband. ●●●

Bodybuilding für Frauen
Wege zu Ihrer Idealfigur (0661) Von H. Schulz, 112 S., 84 s/w-Fotos, 4 Zeichnungen, kart. ●●

Bodybuilding
Anleitung zum Muskel- und Konditionstraining für sie und ihn.
(0604) Von R. Smolana, 160 S., 171 s/w-Fotos, kart. ●

Muskeltraining mit Hanteln
Leistungssteigerung für Sport und Fitness. (0676) Von H. Schulz, 104 S., 92 s/w-Fotos, 2 Zeichnungen, kart. ●

Hanteltraining zu Hause
(0800) Von W. Kieser, 80 S., 71 s/w-Fotos, 4 Zeichnungen, kart. ●

Leistungsfähiger durch Krafttraining
Eine Anleitung für Fitness-Sportler, Trainer und Athleten (0617) Von W. Kieser, 96 S., 20 s/w-Fotos, 62 Zeichnungen, kart. ●

Fit und gesund
Fitneßtraining und Bodybuilding zu Hause. Trainingsprogramme für Ihr Wohlbefinden. (0782) Von Prof. Dr. S. Starischka, 80 S., 100 Farbfotos, 3 Zeichnungen, kart. ●●

Videokassette
Fit und gesund Körpertraining und Bodybuilding für zu Hause
(6013) VHS, 30 Min., mit Begleitheft, in Farbe. ●●●●*

Optimale Ernährung
für Krafttraining und Budybuilding.
(0912) Von B. Dahmen, 88 S., 8 Farbtafeln, 8 Zeichnungen, kart. ●

Fit mit **Bio-Training**
für Kraft, Ausdauer und Schnelligkeit
(2310) Von L. Spitz, 112 S., 197 Farbfotos, 11 Farb- und 4 s/w-Zeichnungen, kart. ●●

Top-Form im Sport
Ernährungs-Training
Das Erfolgsprogramm für den Ausdauersportler. (0945) Von M. Inzinger, Dipl.-Oec. troph. G. Wagner, 160 S., 31 Farbzeichnungen, 16 Grafiken, kart. ●●

Gesund und fit durch **Konditionsübungen und Wirbelsäulengymnastik**
(0844) Von R. Milser u. K. Grafe, 104 S., 99 Farbfotos, 12 Farbzeichnungen, 5 s/w-Zeichnungen, kart. ●●

Fit mit **Tai Chi**
als sanfte Körpererfahrung (2305) Von B. u. K. Moegling, 112 S., 121 Farbfotos, 6 Farb- u. 4 s/w-Zeichnungen, kart. ●●

Isometrisches Training
Übungen für Muskelkraft und Entspannung. (0529) Von L. M. Kirsch, 140 S., 162 s/w-Fotos, kart. ●●

Stretching
Mit Dehnungsgymnastik zu Entspannung. Geschmeidigkeit und Wohlbefinden. (0717) Von H. Schulz, 80 S., 90 s/w-Fotos, kart. ●

Fit mit **Stretching**
(2304) Von B. Kurz, 96 S., 255 Farbfotos, kart. ●●

Gesund und fit durch Gymnastik
(0366) Von H. Pilss-Samek, 132 S., 150 Abb., kart. ●

Fit und frisch
Gymnastik für die ganze Familie
(6501) Von G. Sieber, 104 S., 306 Farbfotos, 5 Farbzeichnungen, kart., mit Audiokassette, Laufzeit 30 Min., ●●●

Fit mit **Laufen**
(2315) Von W. Sonntag, 96 S., 60 Farbfotos, 8 Farbzeichnungen, kart. ●●

Spaß am Laufen
Jogging für die Gesundheit. (0470) Von W. Sonntag. 140 S., 41 s/w-Fotos, 1 Zeichnung, kart. ●

Sportschießen
für jedermann. (0502) Von A. Kovacic, 124 S., 116 s/w-Fotos, kart. ●●

Fit mit **Sportschießen**
(2312) Von H. Gabelmann, ca. 112 S., ca. 100 Farbabbildungen, kart. ●●

Fechten
Florett · Degen · Säbel. (0449) Von E. Beck, 88 S., 185 Fotos, 10 Zeichnungen, kart. ●●

Fit mit **Sportabzeichen**
(2307) Von G. Hennige, 104 S., 107 Farbfotos, kart. ●●

ZDF Sportjahr '87
Rekorde, Siege, Schicksale, Ergebnisse, Termine '88. (4290) Hrsg. von B. Heller, 192 S., 275 Farb- und 4 s/w-Fotos, kart. ●●

ZDF Sportjahr '88
Rekorde · Siege · Schicksale · Ergebnisse
Mit Olympischen Spielen und Fußball-EM (4415) Hrsg. von B. Heller, 224 S., 239 Farbfotos, 1 s/w-Foto, kart. ●●●

Fit mit **Fußball**
(2309) Von H. Obermann, P. Walz, 112 S., 47 Farbfotos, 18 Farb- und 25 s/w-Zeichnungen, kart. ●●

Handball
Technik · Taktik · Regeln. (0426) Von F. und P. Hattig, 128 S., 91 s/w-Fotos, 121 Zeichnungen, kart. ●●

Volleyball
Technik · Taktik · Regeln. (0351) Von H. Huhle, 104 S., 330 Abb., kart. ●

Fit mit **Volleyball**
(2302) Von Dr. A. Scherer, 104 S., 27 Farb- und 1 s/w-Foto, 12 Farb- und 29 s/w-Zeichnungen, kart. ●●

Die neue Tennis-Praxis
Der individuelle Weg zu erfolgreichem Spiel. (4097) Von R. Schönborn, 240 S., 202 Farbzeichnungen, 31 s/w-Abb., Pappband. ●●●●

Moderne Tennistechnik
(4187) Von G. Lam, 192 S., 339 s/w-Fotos, 91 Zeichnungen, kart. ●●●

Tennis
Technik · Taktik · Regeln. (0375) Von W. u. S. Taferner, 112 S., 81 Abb., kart. ●

Erfolgreiche Tennis-Taktik
(4086) Von R. Ford Greene, übersetzt von M.R. Fischer, 182 S., 87 Abb., kart. ●●

Tischtennis-Technik
Der individuelle Weg zu erfolgreichem Spiel. (0775) Von M. Perger, 144 S., 296 Abb. kart. ●●

Badminton
Technik · Taktik · Training. (0699) Von K. Fuchs, L. Sologub, 168 S., 51 Abb., kart., ●●

Squash
Ausrüstung · Technik · Regeln. (0539) Von D. von Horn, H.-D. Stünitz, 96 S., 55 s/w-Fotos, 25 Zeichnungen, kart. ●

Fit mit **Squash**
(2311) Von P. Langhammer, R. Michna, 96 S., 86 Farbfotos, 13 Farbzeichnungen, kart. ●●

Eishockey
Lauf- und Stocktechnik, Körperspiel, Taktik, Ausrüstung und Regeln. (0414) Von J. Čapla, 264 S., 548 s/w-Fotos, 163 Zeichnungen, kart. ●●

Golf
Ausrüstung und Technik. (0343) Von J.C. Jessop, übersetzt von H. Biemer, mit einem Vorwort von H. Krings, Präsident des Deutschen Golf-Verbandes, 96 S., 57 Abb., Anhang Golfregeln des DGV, kart. ●●

Pool-Billard
(0484) Herausgegeben vom Deutschen Pool-Billard-Bund. Von M. Bach, K.-W. Kühn, 104 S., 64 Abb., kart. ●

Tanzen überall
Discofox, Rock'n Roll, Blues, Langsamer Walzer, Cha-Cha-Cha zum Selberlernen. (0760) Von H.M. Pritzer, 112 S., 128 Farbfotos, kart. ●●

Tanzstunde
Das Welttanzprogramm leicht gelernt
(4409) Von G. Hädrich, 164 S., 489 s/w-Fotos, 63 Zeichnungen, Pappband. ●●●

Wir lernen tanzen
Standard- und lateinamerikanische Tänze. (0200) Von E. Fern, 168 S., 118 s/w-Fotos, 47 Zeichnungen, kart. ●

Fit mit **Tanzen**
(2303) Von K. Richter, H. Kleinow, 88 S., 94 Farbfotos, kart. ●●

Dancing
Moderne Discotänze: mit Mambo und Salsa (0977) Von B. und F. Weber, 96 S., 207 s/w-Fotos, kart. ●●

Dirty Dancing
Step by Step leicht gelernt
(0992) Von D. Glück, G. Teusen, 80 S., 140 Farbfotos, kart. ●●

So tanzt man Rock'n Roll
Grundschritte · Figuren · Akrobatik.
(0573) Von W. Steuer und G. Marz, 224 S., 303 Abb., kart. ●●

Anmutig und fit durch
Bauchtanz
(0911) Von Marta, 120 S., 229 Farbfotos, 6 s/w-Zeichnungen, kart. ●●

Sporttauchen
Theorie und Praxis des Gerätetauchens. (0647) Von S. Müßig, 144 S., 8 Farbtafeln, 35 s/w-Fotos, 89 Zeichnungen, kart. ●●

Die hier vorgestellten Bücher, Videokassetten und Software sind in folgende Preisgruppen unterteilt:

● Preisgruppe bis DM 10,–/S 79,–/Fr.10
●● Preisgruppe über DM 10,– bis DM 20,– S 80,– bis S 160,– Fr. 10,– bis Fr. 18,70
●●● Preisgruppe über DM 20,– bis DM 30,– S 161,– bis S 240,– Fr. 18,70 bis Fr. 27,70
●●●● Preisgruppe über DM 30,– bis DM 50,– S 241,– bis S 400,– Fr. 27,70 bis Fr. 46,–
●●●●● Preisgruppe über DM 50,–/S 401,–/Fr.46,–
*(unverbindliche Preisempfehlung)

Die Preise entsprechen dem Status beim Druck dieses Verzeichnisses (s. Seite 1) – Änderungen, im besonderen der Preise, vorbehalten –

Sportfischen
Fische · Geräte · Techniken. (0324) Von H. Oppel, 144 S., 49 s/w-Fotos, 8 Farbt., kart. ●

Angeln
Kleine Fibel für den Sportfischer. (0198) Von E. Bondick, 80 S., 4 Farbt., 116 Abb., kart. ●

Falken-Handbuch
Angeln
in Binnengewässern und im Meer. (4090) Von H. Oppel, 344 S., 24 Farbtafeln, 66 s/w-Fotos, 151 Zeichn., gebunden. ●●●●

Funboard-Surfen
Material · Technik · Regatten · Internationale Reviere. (4297) Von J. Evans, 144 S., 106 Farbfotos, 9 Farbzeichnungen, 68 zweifarbige und 5 s/w-Zeichnungen, kart. ●●●

Fibel für Kegelfreunde
Sport- und Freizeitkegeln · Bowling. (0191) Von G. Bocsai, 72 S., 62 Abb., kart. ●

Fit mit **Kegeln**
(2301) Von G. Gromann, 96 S., 51 Farbfotos, 50 Farb- und 4 s/w-Zeichnungen, kart. ●●

Beliebte und neue Kegelspiele
(0271) Von H. Regulski, 92 S., 62 Abb., kart. ●

111 spannende Kegelspiele
(2031) Von H. Regulski, 80 S., 53 Zeichnungen, kart. ●

Schach

Einführung in das Schachspiel
(0104) Von W. Wollenschläger und K. Colditz, 112 S., 116 Diagramme, kart. ●

Falken-Handbuch
Schach
(4051) Von T. Schuster, 360 S., über 340 Diagramme, gebunden. ●●●●

Spielend Schach lernen
(2002) Von T. Schuster, 96 S., kart. ●

Kinder- und Jugendschach
Offizielles Lehrbuch des Deutschen Schachbundes zur Erringung der Bauern-, Turm- und Königsdiplome. (0561) Von B.J. Withuis, H. Pfleger, 144 S., 220 Zeichnungen und Diagramme, kart. ●●

Zug um Zug
Schach für jedermann 1
Offizielles Lehrbuch des Deutschen Schachbundes zur Errinung des Bauerndiploms. (0648) Von H. Pfleger, E. Kurz, 80 S., 24 s/w-Fotos, 8 Zeichn., 60 Diagramme, kart. ●

FALKEN-Software
Zug um Zug
Schach für jedermann 1
(7015) Wendediskette für C 64/C 128 PC, mit Begleitheft. ●●●●*
(7005) Wendediskette für Atari ST 520/1040, mit Begleitheft. ●●●●●*

Zug um Zug
Schach für jedermann 2
Offizielles Lehrbuch des Deutschen Schachbundes zur Erringung des Turmdiploms. (0659) Von H. Pfleger, E. Kurz, 128 S., 7 s/w-Fotos, 13 Zeichnungen, 78 Diagramme, kart. ●

Zug um Zug
Schach für jedermann 3
Offizielles Lehrbuch des Deutschen Schachbundes zur Erringung des Königdiploms. (0728) Von H. Pfleger, G. Treppner, 128 S., 4 s/w-Fotos, 84 Diagramme, 10 Zeichnungen, kart. ●

Schach für Fortgeschrittene
Taktik und Probleme des Schachspiels. (0219) Von R. Teschner, 88 S., 85 Diagramme, kart. ●

Neue Schacheröffnungen
(0478) Von T. Schuster 104 S., 100 Diagramme, kart. ●

Lehr-, Übungs- und Testbuch der Schachkombinationen
(0649) Von K. Colditz, 184 S., 227 Diagramme, kart. ●●

Die hohe Schule der
Schachkombinationen
(0920) Von W. Golz, P. Keres, 272 S., 322 Diagramme, Pappband. ●●

Schwerfiguren greifen ein
(0979) Von J. Damski, 184 S., 244 Diagramme, Pappband. ●●

Offizielles Lehrbuch des Deutschen Schachbundes
Das systematische Schachtraining
Trainingsmethoden, Strategien und Kombinationen. (0857) Von Sergiu Samarian, 152 S., 159 Diagramme, 1 Zeichn., kart. ●●

Taktische Schachendspiele
(0752) Von J. Nunn, 208 S., 152 Diagramme, kart. ●●

Schachstrategie
Ein Intensivkurs mit Übungen und ausführlichen Lösungen. (0584) Von A. Koblenz, dt. Bearb. von K. Colditz, 212 S., 240 Diagramme, kart. ●●

Schachtraining mit den Großmeistern
(0670) Von H. Bouwmeester, 128 S., 90 Diagramme, kart. ●●

Die besten Partien deutscher Schachgroßmeister
(4121) Von H. Pfleger, 192 S., 29 s/w-Fotos, 89 Diagramme, Pappband. ●●●

So denkt eine Schachmeister
Strategische und taktische Analysen. (0915) Von H. Pfleger, G. Treppner, 120 S., 75 Diagramme, kart. ●●

Schach als Kampf
Meine Spiele und mein Weg. (0729) Von G. Kasparow, 144 S., 95 Diagramme, 9 s/w-Fotos, kart. ●●

Schach WM '87
Kasparow/Karpow
(0910) Von H. Pfleger, O. Borik, M. Kipp-Thomas, 136 S., 36 s/w-Fotos, 96 Diagr., kart. ●●

Helmut Pflegers
Schachkabinett
Amüsante Aufgaben – überraschende Lösungen. (0877) Von H. Pfleger, 160 S., 118 Diagramme, kart. ●●

Schach mit dem Computer
(0747) Von D. Frickenschmidt, 140 S., 112 Diagramme, 29 s/w-Fotos, 5 Zeichnungen, kart. ●●

FALKEN-Software
Das komplette Schachprogramm
Spielen, Trainieren, Problemlösen mit dem Computer. (7006) Von J. Egger, Diskette für C 64, C 128 PC, mit Begleitheft. ●●●●●*

Mensch und Gesundheit

Sexualberatung
(0402) Von Dr. M. Röhl, 168 S., 8 Farbtafeln, 17 Zeichnungen, Pappband. ●●

Der moderne Ratgeber
Wir werden Eltern
Schwangerschaft · Geburt · Erziehung des Kleinkindes. (4269) Von B. Nees-Delaval, 376 S., 335 2-farbige Abb., Pappband. ●●●●

Wenn Sie ein Kind bekommen
(4003) Von U. Klamroth, Dr. med. H. Oster, 240 S., 86 s/w-Fotos, 30 Zeichn., kart. ●●●

Wenn der Mensch zum Vater wird
Ein heiter-besinnlicher Ratgeber. (4259) Von D. Zimmer, 160 S., 20 Zeichnungen, Pappband. ●●

Vorbereitung auf die Geburt und
Schwangerschaftsgymnastik
Atmung, Rückbildungsgymnastik. (0251) Von s. Buchholz, 112, S., 98 s/w-Fotos, kart. ●

Yoga für Schwangere
Der Weg zur sanften Geburt. (0777) Von V. Bolesta-Hahn, 112 S., 76 zweifarbige Abb., kart. ●●

Die Kunst des Stillens
nach neuesten Erkenntnissen (0701) Von Prof. Dr. med. E. Schmidt, S. Brunn, 112 S., 20 Fotos und Zeichnungen, kart. ●

Das Babybuch
Pflege · Ernährung · Entwicklung. (0531) Von A. Burkert, 128 S., 16 Farbtafeln, 38 s/w-Fotos, 30 Zeichnungen, kart. ●●

Wenn Kinder krank werden
Medizinischer Ratgeber für Eltern. (4240) Von Dr. med. I.J. Chasnoff, B. Nees-Delaval, 232 S., 163 Zeichn., Pbd.. ●●●

Erkennen Sie sich selbst.
Psycho-Tests
(0710) Von B.M. Nash, R.B. Monchick, übers. v. J. Schiesmann, 304 S., 81 Zeichn., kart. ●●

FALKEN-Software
Ego-Tests
Sich und andere besser erkennen und verstehen. (7012) Diskette für IBM PC kompatible (MS DOS) mit Begleitheft. ●●●●●*

Bildatlas des menschlichen Körpers
(4177) Von G. Pogliani, V. Vannini, 112 S., 402 Farbabb. 28 s/w-Fotos, Pappband. ●●●

Dr. Reitners großes Gesundheitslexikon
Mit über 5000 Stichwörtern. (4282) Von Dr. med. H.-J. Lewitzka-Reitner, in Zusammenarbeit mit P. Janknecht und U. Kannapinn, 504 S., 424 s/w-Abbildungen, Pappband. ●●

Die hier vorgestellten Bücher, Videokassetten und Software sind in folgende Preisgruppen unterteilt:

● Preisgruppe bis DM 10,–/S 79,–/Fr.10
●● Preisgruppe über DM 10,– bis DM 20,– S 80,– bis S 160,– Fr. 10,– bis Fr. 18,70
●●● Preisgruppe über DM 20,– bis DM 30,– S 161,– bis S 240,– Fr. 18,70 bis Fr. 27,70
●●●● Preisgruppe über DM 30,– bis DM 50,– S 241,– bis S 400,– Fr. 27,70 bis Fr. 46,–
●●●●● Preisgruppe über DM 50,–/S 401,–/Fr.46,–
*(unverbindliche Preisempfehlung)

Die Preise entsprechen dem Status beim Druck dieses Verzeichnisses (s. Seite 1) – Änderungen, im besonderen der Preise, vorbehalten –

Das moderne Hausbuch der Naturheilkunde
Neueste Erkenntnisse der Ganzheitsmedizin von Akupressur bis Zelltherapie (4403) Von G. Leibold, 448 S., 263 Farbzeichn., 15 s/w-Fotos, Pappband. ●●●●●

Pillenpreise unverblümt
Rezeptfreie Medikamente: Medizinische Grundlagen · Wirkungen · Risiken · Preisübersicht (4426) Von Dr. rer.nat. K. Mayer, 248 S., franz. Broschur. ●●●

Ratgeber Aids
Entstehung, Ansteckung, Krankheitsbilder, Heilungschancen, Schutzmaßnahmen. (0803) Von B. Baartman, Vorwort von Dr. med. H. Jäger, 112 S., 8 Farbtafeln, 4 Grafiken, kart. ●●

Nahrungsmittelallergien
So ernähren Sie sich richtig! (0913) Von Priv-Doz.Dr.med.habil. J. von Mayenburg, Prof. Dr. med. Dr. phil. S. Borelli, E. Polster, 136 S., kart. ●●

Diabetes
Krankheitsbild, Therapie, Kontrollen, Schwangerschaft, Sport, Urlaub, Alltagsprobleme, Neueste Erkenntnisse der Diabetesforschung. (0895) Von Dr. med. H.J. Krönke, 120 S., 4 Farbtafeln, 14 s/w-Fotos, 13 s/w-Zeichnungen, kart. ●

Darmleiden
Krankheitsbilder, Behandlung, Selbstbehandlung, Richtige Lebensführung und Ernährung. (0798) Von Dr. med. K. Steffens, 112 S., 46 Zeichnungen, kart. ●

Rheuma und Gicht
Krankheitsbilder, Behandlung, Therapieverfahren, Selbstbehandlung. Richtige Lebensführung und Ernährung. (0712) Von Dr. J. Höder, J. Bandick, 104 S., kart. ●

Asthma
Pseudokrupp, Bronchitis und Lungenemphysem. (0778) Von Prof. Dr. med. W. Schmidt, 120 S., 56 Zeichnungen, kart. ●

Krampfadern
Ursachen, Vorbeugung, Selbstbehandlung, Therapieverfahren. (0727) Von Dr. med. K. Steffens, 96 S., 38 Abb., kart. ●

Gallenleiden
Krankheitsbilder, Behandlung, Therapieverfahren, Selbstbehandlung. Richtige Lebensführung und Ernährung. (0673) Von Dr. med. K. Steffens, 104 S., 34 Zeichnungen, kart. ●

Gesundheit durch altbewährte Kräuterrezepte und Hausmittel aus der
Natur-Apotheke
(4156) Von G. Leibold, 236 S., 8 Farbtafeln, 100 Zeichnungen, kart. ●●

Falken-Handbuch **Heilkräuter**
Modernes Lexikon der Pflanzen und Anwendungen (4076) Von G. Leibold, 392 S., 183 Farbfotos, 22 Zeichnungen, geb. ●●●●

Heiltees und Kräuter für die Gesundheit
(4123) Von G. Leibold, 136 S., 15 Farbtafeln, 16 Zeichnungen, kart. ●●

Aus dem Schatz der Naturmedizin
Heilkräuterkuren
(4268) Von Dr. med. E. Rauch, Dr. rer. nat. P. Kruletz, 144 S., 49 Zeichnungen, kart. ●●

Fastenkuren
Wege zur gesunden Lebensführung. Rezepte und Tips für die Nachfastenzeit. Kurzfasten · Saftfastenkuren · Fastenschalttage · Heilfasten. (4248) Von Ha. A. Mehler, H. Keppler, 144 S., 16 s/w-Fotos, 9 Zeichn., Pbd. ●●●

Massagetechniken und Heilanzeigen
Reflexzonentherapie
(4404) Von G. Leibold, 128 S., 53 Farbzeichnungen, Pappband. ●●●

Kneippkuren zu Hause
(0779) Von G. Leibold, 112 S., 25 Zeichnungen, kart. ●

Massage
(0750) Von B. Rumpler, K. Schutt, 112 S., 116 zweifarbige Zeichnungen, kart. ●●

Besser sehen durch Augentraining
Ein Gesundheitsprogramm zur Verbesserung des Sehvermögens. (0914) Von K. Schutt, B. Rumpler, 96 S., 32 s/w-Zeichnungen, kart. ●

Krebsangst und Krebs behandeln
Mit einem Vorwort von Prof. Dr. med. Friedrich Douwes. (0839) Von G. Leibold, 104 S., kart. ●

Hypnose und Autosuggestion
Methoden - Heilwirkungen - praktische Beispiele. (0483) Von G. Leibold, 120 S., 9 Illustrationen, kart. ●

Akupressur zur Eigenbehandlung
(0417) Von G. Leibold, 152 S., 78 Abb., kart. ●

Enzyme
Vitalstoffe für die Gesundheit. (0677) Von G. Leibold, 96 S., kart. ●

Fußsohlenmassage
Heilanzeigen · Technik · Selbsthilfe. (0714) Von G. Leibold, 96 S., 38 Zeichnungen, kart. ●

Rheuma behandeln und lindern
Mit einem Vorwort von Dr. med. Max-Otto-Bruker. (0836) Von G. Leibold, 96 S., kart. ●

Heilfasten
(0713) Von G. Leibold, 96 S., kart. ●

Besser leben durch Fasten
(0841) Von G. Leibold, 96 S., kart. ●

Die echte Schroth-Kur
(0797) Von Dr. med. R. Schroth, 88 S., 2 s/w-Fotos, kart. ●

Allergien behandeln und lindern
Mit einem Vorwort von Prof. Dr. med. Axel Stemmann. (0840) Von G. Leibold, 96 S., 4 Zeichnungen, kart. ●

Sreß bewältigen durch Entspannung
(0834) Von Dr. med. Chr. Schenk, 88 S., 29 Zeichnungen, kart. ●

Autogenes-Training
Anwendung · Heilwirkungen · Methoden. (0541) Von R. Faller, 112 S., 3 Zeichn., kart. ●

Chinesische Naturheilverfahren
Selbstbehandlung mit bewährten Methoden der physikalischen Therapie. Atemtherapie · Heilgymnastik · Selbstmassage · Vorbeugen · Behandeln · Entspannen. (4247) Von F.T. Lie, 160 S., 292 zweifarbige Zeichnungen, Pappband. ●●●

Chinesisches Schattenboxen
Tai-Ji-Quan
für geistige und körperliche Harmonie. (0850) Von F. T. Lie, 120 S., 221 s/w-Fotos, 9 s/w-Zeichnungen, Beilage: 1 s/w-Poster mit zahlreichen Abbildungen, kart. ●●

Fit mit **Tai Chi**
als sanfte Körpererfahrung (2305) Von B. und K. Moegling, 112 S., 121 Farbfotos, 6 Farbzeichnungen, kart. ●●

Bauch, Taille und Hüfte gezielt formen durch
Aktiv-Yoga
(0709) Von K. Zebroff, 112 S., 102 Farbfotos, kart. ●●

Yoga für Jeden
(0341) Von K. Zebroff. 156 S., 135 Abb., Spiralbindung. ●●●

Yoga gegen Haltungsschäden und Rückenschmerzen
(0394) Von A. Raab, 104 S., 215 Abb., kart. ●

Chinesische Punktmassage **Akupressur**
(4419) Von F.T. Lie, 192 S., 332 zweifarbige Abb., Pappband. ●●●

Shiatsu-Massage
Harmonisierung der Energieströme im Körper. (0615) Von G. Leibold, 196 S., 180 Abb., kart. ●●

Kochen für Diabetiker
Gesund und schmackhaft für die ganze Familie. (4132) Von M. Toeller, W. Schumacher, A. C. Groote, 224 S., 109 Farbfotos, 94 Zeichnungen, Pappband. ●●●

Neue Rezepte für Diabetiker-Diät
Vollwertig - abwechslungsreich - kalorienarm. (0418) Von M. Oehlrich, 96 S., 8 Farbtafeln, kart. ●

Diät bei Störungen des Fettstoffwechsels und zur Vorbeugung der Arteriosklerose
Rezeptteil von B. Zöllner. (3208) Von Prof. Dr. med. G. Wolfram und Dr. med. O. Adam, 104 S., 4 Farbtafeln, kart. ●●

Diät bei Darmkrankheiten
Durchfall - Divertikulose, Reizdarm und Darmträgheit - einheimische Sprue (Zöllakie) - Disaccharidasemangel - Dünndarmresektion - Dumping Syndrom. Rezeptteil von B. Zöllner. (3211) Von Prof. Dr. med. G. Strohmeyer, 88 S., 4 Farbtafeln, kart. ●●

Ballaststoffreiche Kost bei Funktionsstörungen des Darms
Rezeptteil von B. Zöllner. (3212) Von Prof. Dr. med. H. Kasper, 96 S., 34 Farbfotos, 1 s/w Fotos, kart. ●●

Diät bei Krankheiten des Magens und Zwölffingerdarms
Rezeptteil von B. Zöllner, (3201) Von Prof. Dr. med. H. Kaess, 96 S., 35 Farbfotos, 1 s/w-Zeichnung, kart. ●●

Diät bei Krankheiten der Gallenblase, Leber und Bauchspeicheldrüse
Rezeptteil von B. Zöllner. (3207) Von Prof. Dr. med. H. Kasper, 88 S., 4 Farbtafeln, kart. ●●

Diät bei Übergewicht
Rezeptteil von B. Zöllner. (3209) Von Prof. Dr. med. Ch. Keller, 104 S., 42 Farbfotos, 3 s/w-Zeichnungen, kart. ●●

Diät bei Gicht und Harnsäuresteinen
Rezeptteil von B. Zöllner. (3205) Von Prof. Dr. med. N. Zöllner, 80 S., 4 Farbtafeln, kart. ●●

Diät bei Herzkrankheiten und Bluthochdruck
Rezeptteil von B. Zöllner. (3202) Von Prof. Dr. med. H. Rottka, 92 S., 4 Farbtafeln, kart. ●●

Die hier vorgestellten Bücher, Videokassetten und Software sind in folgende Preisgruppen unterteilt:

● Preisgruppe bis DM 10,–/S 79,–/Fr.10
●● Preisgruppe über DM 10,– bis DM 20,– S 80,– bis S 160,– Fr. 10,– bis Fr. 18,70
●●● Preisgruppe über DM 20,– bis DM 30,– S 161,– bis S 240,– Fr. 18,70 bis Fr. 27,70
●●●● Preisgruppe über DM 30,– bis DM 50,– S 241,– bis S 400,– Fr. 27,70 bis Fr. 46,–
●●●●● Preisgruppe über DM 50,–/S 401,–/Fr.46,–
*(unverbindliche Preisempfehlung)

Die Preise entsprechen dem Status beim Druck dieses Verzeichnisses (s. Seite 1) – Änderungen, im besonderen der Preise, vorbehalten –

Diät bei Erkrankungen der Nieren, Harnwege und bei Dialysebehandlung
Rezeptteil von B. Zöllner. (3203) Von Prof. Dr. med. Dr. h. c. H. J. Sarre und Prof Dr. med. R. Kluthe, 96 S., 33 Farbfotos, 1 s/w-Zeichnung, kart. ●●

Richtige Ernährung wenn man älter wird
Rezeptteil von B. Zöllner. (3204) Von Prof Dr. med. H.-J. Pusch. 96 S., 36 Farbfotos und 3 s/w-Zeichnungen, kart. ●●

Diät bei Zuckerkrankheit
Rezeptteil von B. Zöllner. (3206) Von Prof. Dr. med. P. Dieterle, 112 S., 42 Farbfotos, 4 vierfarbige Vignetten, 1 s/w-Zeichnung, kart. ●●

Garten, Tiere, Umwelt

Garten heute
Der moderne Ratgeber · Über 1000 Farbbilder. (4283) Von H. Jantra, 384 S., über 1000 Farbabb., Pappband. ●●●●

Blütenpracht in Haus und Garten
Der große praktische Ratgeber mit über 1000 farbigen Abb. (4145) Von M. Haberer, u.a. 352 S., 1012 Farbfotos, Pbd. ●●●●

Die offizielle Sonderausgabe zur BUGA Frankfurt '89
Das Gartenjahr
Arbeitspläne und Pflanzenporträts (4434) Von Dr. G. Schoser, 120 S., 146 Farbfotos, 187 Zeichnungen, 13 Tabellen, kart. ●

Blütenpracht aus winterharten Blumenzwiebeln
(0772) Von H. Lass, 112 S., 120 Farbfotos und Zeichungen, kart. ●●

Erfolgstips für den Obstgarten
Gesunde Früchte durch richtige Sortenwahl und Pflege. (0827) Von F. Mühl, 184 S., 16 Farbtafeln, 33 Zeichnungen, kart. ●●

Erfolgstips für den Gemüsegarten
Mit naturgemäßem Anbau zu höherem Ertrag. (0674) Von F. Mühl, 80 S., 30 s/w-Fotos, 4 Zeichnungen, kart. ●

Mischkultur im Nutzgarten
Mit Jahreskalender und Anbauplänen. (0651) Von H. Oppel, 112 S., 8 Farbtafeln, 23 s/w-Fotos, 29 Zeichnungen, kart. ●

Mein Kräutergarten rund ums Jahr
Täglich schnittfrisch und gesund würzen. (4192) Von Prof. Dr. G. Lysek, 136 S., 15 Farbtafeln, 91 Zeichnungen, kart. ●●

Selbstversorgung aus dem eigenen Anbau
Reichen Erntesegen verwerten und haltbar machen. (4182) Von M. Bustorf-Hirsch, M. Hirsch, 216 S., 270 Zeichn., Pappband. ●●●

Der richtige Schnitt von Obst- und Ziergehölzen, Rosen und Hecken
(0619) Von E. Zettl, 88 S., 8 Farbtafeln, 39 Zeichnungen, 21 s/w-Fotos, kart. ●

Erfolgstips für den Ziergarten
Schmuckpflanzen und Rasen richtig pflegen. (0930) Von F. Mühl, 156 S., 12 Farbtafeln, 26 s/w-Zeichnungen, kart. ●●

Erfolgreich gärtnern mit
Frühbeet und Folie
(0828) Von Dr. Gustav Schoser, 88 S., 8 Farbtafeln, 46 s/w-Fotos, kart. ●

Das Bio-Gartenjahr
Arbeitsplan für naturgemäßes Gärtnern. (4169) Von N. Jorek, 128 S., 8 Farbtafeln, 70 s/w-Abb., kart. ●●

Erfolgreich gärtnern
durch naturgemäßen Anbau (4252) Von I. Gabriel, 416 S., 176 Farbfotos, 212 Farbzeichnungen, Pappband. ●●●

Leben im Naturgarten
Der Biogärtner und seine gesunde Umwelt. (4124) Von N. Jorek, 128 S., 68 s/w-Fotos, kart. ●●

Aktion Garten ohne Gift
Gesunde Umwelt durch natürlichen Pflanzenschutz
Ein Praxis-Handbuch von E. Hoplitschek u. B.M. Tegethoff. (4425) 176 S., 250 Farbfotos, 36 Farb- und 29 s/w-Zeichn., Pbd. ●●●

So wird mein Garten zum Biogarten
Alles über die Umstellung auf naturgemäßen Anbau. (0706) Von I. Gabriel, 128 S., 73 Farbfotos, 54 Farbzeichnungen, kart. ●●

Neuanlage eines Biogartens
Planung, Bodenvorbereitung, Gestaltung. (0721) Von I. Gabriel, 128 S., 73 Farbfotos, 39 Zeichnungen, kart. ●●

Gesunde Pflanzen im Biogarten
Biologische Maßnahmen bei Schädlingsbefall und Pflanzenkrankheiten. (0707) Von I. Gabriel, 128 S., 126 Farbfotos, kart. ●●

Obst und Beeren im Biogarten
Gesunde und schmackhafte Früchte durch natürlichen Anbau. (0780) Von I. Gabriel, 128 S., 109 Farbabb., kart. ●●

Gemüse im Biogarten
Gesunde Ernte durch natürlichen Anbau (0830) Von I. Gabriel, 128 S., 26 Farbfotos, 86 Farbzeichnungen, kart. ●●

Kräuter und Heilpflanzen im Biogarten
Gesunde Ernte durch natürlichen Anbau. (0929) Von I. Gabriel, 112 S., 63 Farbfotos, 19 Farbzeichnungen, kart. ●●

Der biologische Zier- und Wohngarten
Planen, Vorbereiten, Bepflanzen und Pflegen. (0748) Von I. Gabriel, 128 S., 72 Farbfotos, 46 Farbzeichnungen, kart. ●●

Kosmische Einflüsse auf unsere Gartenpflanzen
Sterne beeinflussen Wachstum und Gesundheit der Pflanzen. (0708) Von I. Gabriel, 112 S., 100 Farbabb., kart. ●●

Der Biogarten unter Glas und Folie
Ganzjährig erfolgreich ernten. (0722) Von I. Gabriel, 128 S., 107 Farbabb., kart. ●●

Speisepilze aus eigener Zucht
Anbau · Pflege · Zubereitung (0909) Von U. Groos, 72 S., 8 Farbtafeln, 16 s/w-Zeichnungen, kart. ●

Falken-Handbuch **Pilze**
Mit über 250 Farbfotos und Rezepten. (4061) Von M. Knoop, 276 S., 250 Farbfotos, Pappband. ●●●●

Blütenpracht auf Balkon und Terrasse
(0928) Von M. Haberer, 88 S., 139 Farbfotos, kart. ●●

Gemüse, Kräuter, Obst aus dem Balkongarten
- Erfolgreich ernten auf kleinstem Raum. (0694) Von S. Stein, 32 S., 34 Farbfotos, 6 Zeichnungen, Spiralbindung, kart. ●

Das offizielle BUGA-Buch
Kleingärten
Planen · Anlegen · Pflegen (1015) Von H. Jantra, 88 S., 123 Farbfotos, 1 s/w-Foto, 14 Farbzeichnungen, kart. ●●

Das offizielle BUGA-Buch
Reihenhausgärten
Planen · Anlegen · Pflegen (1016) Von H. Jantra, 104 S., 134 Farbfotos, 45 Farbzeichnungen, kart. ●●

Gartenteiche und Wasserspiele
planen, anlegen und pflegen (4083) Von H. Sikora, 31 Farb- und 31 s/w-Fotos, 73 Zeichnungen, Pappband. ●●●

Wasser im Garten
Von der Vogeltränke zum Naturteich - Natürliche Lebensräume selbst gestalten. (4230) Von H. Hendel, P. Keßeler, 240 S., 315 Farbabb., 11 s/w-Fotos, Pappband. ●●●●●

Mein kleiner Gartenteich
planen – anlegen – pflegen (0851) Von I. Polascheck, 144 S., 108 Farbabb., 6 s/w-Zeichnungen, kart. ●●

Häuser in lebendigem Grün
Fassaden und Dächer mit Pflanzen gestalten. (0846) Von U. Mehl, K. Werk, 88 S., 116 Farbfotos, 4 Farb-und 17 s/w-Zeichn., kart. ●●

Wintergärten
Das Erlebnis, mit der Natur zu wohnen. Planen, Bauen und Gestalten. (4256) Von LOG ID, 136 S., 130 Farbfotos, 107 Zeichnungen, Pappband. ●●●●

Rund ums Jahr erfolgreich gärtnern
Gewächshäuser
planen · bauen · einrichten · nutzen. (4408) Von Dr. G. Schoser, J. Wolff, 232 S., 368 Farbabb., 5 s/w-Fotos, Pappband. ●●●●●

Ziergräser
Über 100 Arten erfolgreich kultivieren. (0829) Von H. Jantra, 104 S., 73 Farbfotos, 6 Farbzeichnungen, kart. ●●

Das moderne Handbuch
Zimmerpflanzen
(4416) Von H. Jantra, 304 S., 766 Farbfotos, 64 Farb-und 19 s/w-Zeichn., Pappband. ●●●●

365 Erfolgstips für schöne Zimmerpflanzen
(0893) Von H. Jantra, 144 S., 215 Farbfotos, kart. ●●

Prof. Stelzers grüne Sprechstunde
Gesunde Zimmerpflanzen
Krankheiten erkennen und behandeln · Mit neuem Diagnosesystem. (4274) Von Prof. Dr. G. Stelzer, 192 S., 410 Farbfotos, 10 s/w-Zeichnungen, Pappband. ●●●●

Biologisch zimmergärtnern
Zier- und Nutzpflanzen natürlich pflegen. (4144) Von N. Jorek, 152 S., 15 Farbtafeln, 120 s/w-Fotos, Pappband. ●●

Videokassette
Pflanzenjournal
Blumen- und Pflanzenpflege im Jahreslauf. (6036) VHS, 30 Min., in Farbe, mit Begleitheft. ●●●●*

Die hier vorgestellten Bücher, Videokassetten und Software sind in folgende Preisgruppen unterteilt:

● Preisgruppe bis DM 10,–/S 79,–/Fr.10
●● Preisgruppe über DM 10,– bis DM 20,– S 80,– bis S 160,– Fr. 10,– bis Fr. 18,70
●●● Preisgruppe über DM 20,– bis DM 30,– S 161,– bis S 240,– Fr. 18,70 bis Fr. 27,70
●●●● Preisgruppe über DM 30,– bis DM 50,– S 241,– bis S 400,– Fr. 27,70 bis Fr. 46,–
●●●●● Preisgruppe über DM 50,–/S 401,–/Fr.46,–
*(unverbindliche Preisempfehlung)

Die Preise entsprechen dem Status beim Druck dieses Verzeichnisses (s. Seite 1) – Änderungen, im besonderen der Preise, vorbehalten –

Hydrokultur
Pflanzen ohne Erde - mühelos gepflegt
(0944) Von H.-A. Rotter, 144 S., 167 Farbfotos, 13 Farbzeichnungen, kart. ●●

Zimmerpflanzen in Hydrokultur
Leitfaden für problemlose Blumenpflege.
(0660) Von H.-A. Rotter, 32 S., 76 Farbfotos, 8 farbige Zeichn., Pappband. ●

Bonsai
Japanische Miniaturbäume und Miniaturlandschaften. Anzucht, Gestaltung und Pflege. (4091) Von B. Lesniewicz, 160 S., 106 Farbfotos, 46 s/w-Fotos, 115 Zeichnungen, gebunden. ●●●●●

Keime, Sprossen, Küchenkräuter
am Fenster ziehen - rund ums Jahr.
(0658) Von F. und H. Jantzen, 32 S., 55 Farbfotos, Pappband. ●

Falken-Handbuch **Orchideen**
Lebensraum, Kultur, Anzucht und Pflege.
(4231) Von G. Schoser, 144 S., 121 Farbfotos, 28 Farbzeichnungen, Pappband. ●●●

Fibel für Kakteenfreunde
(0199) Von H. Herold, 102 S., 23 Farbfotos, 37 s/w-Abb., kart. ●

Kakteen und andere Sukkulenten
300 Arten mit über 500 Farbfotos.
(4116) Von G. Andersohn, 316 S., 520 Farbfotos, 193 Zeichnungen, Pappband. ●●●●

Grzimek Juniors
BUNTE TIERWELT
(4295) Von Chr. Grzimek, 208 S., 308 Farbfotos, Pappband. ●●●

Falken-Handbuch **Hunde**
(4118) Von H. Bielfeld, 176 S., 222 Farb- und 73 s/w-Abb., Pappband. ●●●●

Das neue Hundebuch
Rassen · Aufzucht · Pflege.
(0009) Von W. Busack, überarbeitet von Dr. med. vet. A. H. Hacker und H. Bielfeld, 112 S., 8 Farbt., 27 s/w-Fotos, 6 Zeichn., kart. ●

Dackel, Teckel, Dachshund
Aufzucht · Pflege · Ausbildung.
(0508) Von M. Wein-Gysae, 112 S., 4 Farbtafeln, 43 s/w-Fotos, 2 Zeichnungen, kart. ●

Falken-Handbuch
Der Deutsche Schäferhund
(4077) Von U. Förster, 228 S., 160 Abb., Pappband. ●●●

Hundeausbildung
Verhalten - Gehorsam - Ausbildung.
(0346) Von Prof. Dr. R. Menzel, 88 S., 19 Fotos, kart. ●

Grundausbildung für Gebrauchshunde
Schäferhund, Boxer, Rottweiler, Dobermann, Riesenschnauzer, Airedaleterrier, Hovawart und Bouvier. (0801) Von M. Schmidt und W. Koch, 104 S., 8 Farbtafeln, 51 s/w-Fotos, 5 s/w-Zeichnungen, kart. ●

Der Deutsche Schäferhund
Aufzucht, Pflege und Ausbildung. (0073) Von A. Hacker, 104 S., 56 Abb., kart. ●

Alles über junge Hunde
(0863) Von Dr. med. vet. E.M. Bartenschlager, 64 S., 49 Farbfotos, 6 Zeichnungen, kart. ●

Richtige Hundeernährung
(0811) Von Dr. med. vet. E.M. Bartenschlager, 80 S., 51 Farbfotos, 4 Farbzeichn., kart. ●

Hundekrankheiten
Erkennung und Behandlung, Steuerung des Sexualverhaltens. (0570) Von Dr. med.vet. R. Spangenberg, 128 S., 68 s/w- Fotos, 10 Zeichnungen, kart. ●

Falken-Handbuch **Katzen**
(4158) Von B. Gerber, 176 S., 294 Farb- und 88 s/w-Fotos, Pappband. ●●●●

Das neue Katzenbuch
Rassen · Aufzucht · Pflege. (0427) Von B. Eilert-Overbeck, 120 S., 14 Farbfotos, 26 s/w-Fotos, kart. ●

Katzenkrankheiten
Erkennung und Behandlung. Steuerung des Sexualverhaltens. (0652) Von Dr. med. vet. R. Spangenberg. 176 S., 64 s/w- Fotos, 4 Zeichnungen, kart. ●

Junge Katzen
(0862) Von Dr. med. vet. E.M. Bartenschlager, 72 S., 40 Farbf., 4 Farbzeichn., kart. ●

Falken-Handbuch **Pferde**
(4186) Von H. Werner, 176 S., 196 Farb- und 50 s/w-Fotos, 100 Zeichn., Pappband. ●●●●

Der Hobby-Imker
(0978) Von Dr. R.F.A. Moritz, 144 S., 106 zweifarbige Zeichnungen, kart. ●●

Geflügelhaltung als Hobby
(0749) Von M. Baumeister, H. Meyer, 184 S., 8 Farbtafeln, 47 s/w-Fotos, 15 Zeichnungen, kart. ●●

Vogelhäuschen, Nistkästen, Vogeltränken
mit Plänen und Anleitungen zum Selbstbau.
(0695) Von J. Zech, 32 S., 42 Farbfotos, 6 Zeichnungen, Pappband. ●

Sittiche und kleine Papageien
(0864) Von Dr. med. vet. E.M. Bartenschlager, 88 S., 84 Farbfotos, 9 Zeichnungen, kart. ●

Papageien und Sittiche
Arten · Pflege · Sprechunterricht
(0591) Von H. Bielfeld, 112 S., 8 Farbtafeln, kart. ●

Falken-Handbuch **Süßwasser-Aquarium**
(4191) Von H. J. Mayland, 288 S., 564 Farbfotos, 75 Zeichnungen, Pappband. ●●●●

Das Süßwasser-Aquarium
Einrichtung · Pflege · Fische · Pflanzen
(0153) Von H. J. Mayland, 152 S., 16 Farbtafeln, 43 s/w-Zeichnungen, kart. ●●

Tiere im Wassergarten
(0808) Von Dr. med. vet. E.M. Bartenschlager, 96 S., 84 Farbf., 7 Zeichn., kart. ●

Alles über Meerschweinchen
(0809) Von Dr. med. vet. E.M. Bartenschlager, 72 S., 43 Farbf., 11 Farbzeichn., kart. ●

Alle über Igel in Natur und Haus
(0810) Von Dr. med. vet. E.M. Bartenschlager, 68 S., 51 Farbfotos, kart. ●

Falken-Handbuch **Umweltschutz**
Das Öko-Testbuch zur Eigeninitiative.
(4160) Von M. Häfner, 352 S., 411 Farbf., 152 Farbzeichnungen, Pappband. ●●●●

Vom Urkrümel zum Atompilz
Evolution - Ursache und Ausweg aus der Krise. (4181) Von J. Voigt, 188 S., 20 Farb- und 70 s/w-Fotos, 32 Zeichnungen, kart. ●●

Rat und Wissen

Haushaltstips von A bis Z
(0759) Von A. Eder, 80 S., 30 Zeichn., kart. ●

Umgangsformen heute
Die Empfehlungen des Fachausschusses für Umgangsformen (4015) 252 S., 108 s/w-Fotos, 17 Zeichnungen, Pappband. ●●●

Benehmen bei Tisch
(0988) Von I. Cording, 80 S., 90 Farbfotos, 5 s/w-Zeichnungen, kart. ●●

Videokassette
Körpersprache
verstehen und deuten
(6046) VHS, 60 Min., in Farbe, mit Begleitheft. ●●●●●*

Bauernregeln, Bauernweisheiten, Bauernsprüche
(4243) Von G. Haddenbach, 192 S., 62 Farbabb. 9 s/w-Fotos, 144 s/w-Zeichnungen, Pappband. ●●●

Familienforschung · Ahnentafel · Wappenkunde
Wege zur eigenen Familienchronik.
(0744) Von P. Bahn, 128 S., 8 Farbtafeln, 30 Abbildungen, kart. ●●

Wie soll es heißen?
(0211) Von D. Köhr, 136 S., kart. ●

Die Silberhochzeit
Vorbereitung · Einladung · Geschenkvorschläge · Dekoration · Festablauf · Menüs · Reden · Glückwünsche. (0542) Von K.F. Merkle, 112 S., 41 Zeichnungen, kart. ●

Wir feiern Hochzeit
Festgestaltung - phantasievoll und modern.
(0943) Von H.J. Winkler, 120 S., kart. ●

Wir heiraten
Ratgeber zur Vorbereitung und Festgestaltung der Verlobung und Hochzeit. (4188) Von C. Poensgen, 216 S., 8 s/w-Fotos, 30 s/w-Zeichn., 8 Farbt., Pappband. ●●●

Von der Verlobung zur Goldenen Hochzeit
(0393) Von E. Ruge, 112 S., kart. ●

Hochzeits- und Bierzeitungen
Muster, Tips und Anregungen. (0288) Von H.-J. Winkler, mit vielen Text- und Gestaltungsanregungen, 116 S., 15 Abb., 1 Musterzeitung, kart. ●

Neues Denken - alte Geister
New Age unter der Lupe. (4278) Von G. Myrell, Dr. W. Schmandt, J. Voigt, 176 S., 54 Farbfotos, 3 Zeichnungen, kart. ●●

Moderne Korrespondenz
Handbuch für erfolgreiche Briefe.
(4014) Von H. Kirst und W. Manekeller, 544 S., Pappband. ●●●●

Der richtige Brief
zu jedem Anlaß
Das moderne Handbuch mit 400 Musterbriefen
(4179) Von H. Kirst, 376 S., Pappband. ●●●

Musterbriefe
für alle Gelegenheiten. (0231) Hrsg. von O. Fuhrmann, 240 S., kart. ●

Die hier vorgestellten Bücher, Videokassetten und Software sind in folgende Preisgruppen unterteilt:

● Preisgruppe bis DM 10,–/S 79,–/Fr.10
●● Preisgruppe über DM 10,– bis DM 20,– S 80,– bis S 160,– Fr. 10,– bis Fr. 18,70
●●● Preisgruppe über DM 20,– bis DM 30,– S 161,– bis S 240,– Fr. 18,70 bis Fr. 27,70
●●●● Preisgruppe über DM 30,– bis DM 50,– S 241,– bis S 400,– Fr. 27,70 bis Fr. 46,–
●●●●● Preisgruppe über DM 50,–/S 401,–/Fr.46,–
*(unverbindliche Preisempfehlung)

Die Preise entsprechen dem Status beim Druck dieses Verzeichnisses (s. Seite 1) – Änderungen, im besonderen der Preise, vorbehalten –

Falken-Verlag GmbH · Postfach 1120 FALKEN D-6272 Niedernhausen/Ts. · Tel.: 06127/7020

Privatbriefe
Muster für alle Gelegenheiten. (0114) Von I. Wolter-Rosendorf, 112 S., kart. ●

Der neue Briefsteller
Musterbriefe für alle Gelegenheiten. (0060) Von I. Wolter-Rosendorf, 96 S., kart. ●

Erfolgstips für den Schriftverkehr
Briefgestaltung · Rechtschreibung · Zeichensetzung · Stil. (0678) Von U. Schoenwald, 112 S., kart. ●

Geschäftliche Briefe
des Privatmanns, Handwerkers, Kaufmanns. (0041) Von A. Römer, 124 S., kart.●

Behördenkorrespondenz
Musterbriefe · Anträge · Einsprüche. (0412) Von E. Ruge, 112 S., kart.●

Worte und Briefe der Anteilnahme
(0464) Von E. Ruge, 96 S., mit vielen Abb., kart. ●

Briefe zu Geburt und Taufe
Glückwünsche und Danksagungen. (0802) Von H. Beitz, 96 S., 12 Zeichnungen, kart. ●

Briefe zum Geburtstag
Glückwünsche und Danksagungen. (0822) Von H. Beitz, 104 S., 22 Zeichnungen, kart. ●

Briefe der Liebe
Anregungen für gefühlvolle und zärtliche Worte. (0903) Hrsg. von H. Beitz, 96 S., 4 Zeichnungen, kart. ●

Briefe zur Hochzeit
Glückwünsche und Danksagungen (0852) Von R. Röngen, 96 S., 1 Zeichnung, 39 Vignetten, kart. ●

Reden und Ansprachen
für jeden Anlaß. (4009) Hrsg. von F. Sicker, 454 S., gebunden. ●●●●

Die Kunst der freien Rede
Ein Intensivkurs mit vielen Übungen, Beispielen und Lösungen. (4189) Von G. Hirsch, 232 S., 11 Zeichnungen, Pappband. ●●●

Die überzeugende Rede
Mehr Erfolg durch bessere Rhetorik. (0076) Von K. Wolter, G. Kunz, 80 S., kart. ●

Festreden und Vereinsreden
Muster für alle Gelegenheiten. (0069) Von K. Lehnhoff, E. Ruge, 96 S., kart. ●

Trinksprüche, Gästebuchverse, Richtsprüche
(0224) Von D. Kellermann, 96 S., kart. ●

Trinksprüche
Fest- und Damenreden in Reimen. (0791) Von L. Metzner, 88 S., 14 s/w-Zeichnungen, kart. ●

Glückwünsche, Toasts und Festreden zur Hochzeit
(0264) Von I. Wolter, 112 S., 18 Zeichnungen, kart. ●

Reden zur Taufe, Kommunion und Konfirmation
(0751) Von G. Georg, 96 S., kart. ●

Reden zur Hochzeit
Musteransprachen für Hochzeitstage. (0654) Von G. Georg, 112 S., kart. ●

Reden zu Familienfesten
Muteransprachen für viele Gelegenheiten. (0675) Von G. Georg, 112 S., kart. ●

Reden zum Geburtstag
Musteransprachen für familiäre und offizielle Anlässe. (0773) Von G. Georg, 96 S., kart. ●

Reden im Verein
Musteransprachen für viele Gelegenheiten. (0703) Von G. Georg, 112 S., kart. ●

Reden zum Jubiläum
Musteransprachen für viele Gelegenheiten. (0595) Von G. Georg, 112 S., kart. ●

Reden und Sprüche zu Grundsteinlegung, Richtfest und Einzug
(0598) Von A. Bruder, G. Georg, 96 S., kart. ●

Reden zum Ruhestand
Musteransprachen zum Abschluß des Berufslebens (0790) Von G. Georg, 104 S., kart. ●

Reden in Trauerfällen
Musteransprachen für Beerdigungen und Trauerfeiern (0736) Von G. Georg, 104 S., kart. ●

Neue Glückwunschfibel
für groß und klein. (0156) Von R. Christian-Hildebrandt, 96 S., 13 Vignetten, kart. ●

Großes Buch der Glückwünsche
(0255) Hrsg. von O. Fuhrmann, 176 S., 77 Zeichnungen und viele Gestaltungsvorschläge, kart. ●

Herzliche Glückwünsche!
Die schönsten Gedichte und Texte für viele Gelegenheiten. (0942) Hrsg. Von B.H. Bull, 256 S., 50 Zeichnungen, Pappband. ●●

Der Verseschmied
Kleiner Leitfaden für Hobbydichter. Mit Reimlexikon. (0597) Von T. Parisius, 96 S., 28 Zeichnungen, kart. ●

Verse fürs Poesiealbum
(0241) Von I. Wolter, 96 S., 20 Abb., kart. ●

Rosen, Tulpen, Nelken ...
Beliebte Verse fürs Poesiealbum
(0431) Von W. Pröve, 96 S., 11 Faksimile-Abb., kart. ●

Kindergedichte zur grünen, silbernen und goldenen Hochzeit
(0318) Von H.-J. Winkler, 104 S., 20 Abb., kart. ●

Glückwunschverse für Kinder
(0277) Von B. Ulrici, 80 S., kart. ●

Kindergedichte für Familienfeste
(0860) Von B.H. Bull, 96 S., 20 Zeichnungen, kart. ●

Ins Gästebuch geschrieben
(0576) Von K.H. Trabeck, 96 S., 24 Zeichnungen, kart. ●

Komm mit ins Land der Lieder
Das große Buch der Kinder-, Volks- und Chorlieder. (4261) Hrsg. Von H. Rauhe, 176 S., 146 Farbzeichn., Pappband. ●●●

Die schönsten Wander- und Fahrtenlieder
(0462) Hrsg. Von F.R. Miller, empfohlen vom Deutschen Sängerbund, 80 S., mit Noten und Zeichnungen, kart. ●

Die schönsten Volkslieder
(0432) Hrsg. Von D. Walther, 128 S., mit Noten und Zeichnungen, kart. ●

Erziehungsgeld, Mutterschutz, Erziehungsurlaub
Alles über das neue Recht für Eltern. Mit den Gesetzestexten. (0835) Von J. Grönert, 144 S., kart. ●●

Scheidung und Unterhalt
nach dem neuen Eherecht. (0403) Von T. Drewes, 112 S., mit Kosten und Unterhaltstabellen, kart. ●

Endlich 18 und nun?
Rechte, Pflichten, Zukunfts-Chancen. (0646) Von R. Rathgeber, 224 S., 27 Zeichnungen, kart. ●●

Was heißt hier minderjährig?
(0765) Von R. Rathgeber, C. Rummel, 148 S., 50 Fotos, 25 Zeichnungen, kart. ●●

Testament und Erbschaft
Erbfolge, Rechte und Pflichten der Erben, Erbschafts-und Schenkungssteuer, Mustertestamente. (4139) Von T. Drewes, R. Hollender, 304 S., Pappband. ●●●

Erbrecht und Testament
Mit Erläuterungen des Erbschaftssteuergesetzes von 1974. (0046) Von Dr. jur. H. Wandrey, 124 S., kart. ●

Der letzte Wille
Ratgeber für Erblasser, Erben und Hinterbliebene in Rechts-, Versorgungs- und Steuerfragen
(0939) Von T. Drewes, 136 S., 9 s/w-Zeichnungen, kart. ●●

Mietrecht
Leitfaden für Mieter und Vermieter. (0479) Von J. Beuthner, 196 S., kart. ●●

Präzise Ratschläge für **Ihre optimale Rente**
Vorbereitung · Berechnungsgrundlagen · Gesetzesänderungen · Individuelle Rechenbeispiele. (0806) Von K. Möcks, 96 S., 24 Formulare, 1 Graphik, kart. ●

Das große farbige Kinderlexikon
(4195) Von U. Kopp, 320 S., 493 Farbabb. 17 s/w-Fotos, Pappband. ●●●

ZDF
Kompaß Jugend-Lexikon
(4096) Von R. Kerler, J. Blum, 336 S., 766 Farbfotos, 39 s/w-Abb., Pbd. ●●●●

Gitarre spielen
Ein Grundkurs für den Selbstunterricht. (0534) Von A. Roßmann, 96 S., 1 Schallfolie, 150 Zeichnungen, kart. ●●●

Maschinenschreiben für Kinder
(0274) Von H. Kaus, 48 S., 17 farbige Abb., kart. ●

So lernt man leicht und schnell
Maschinenschreiben
Lehrbuch für Schulen, Lehrgänge und Selbstunterricht. (0568) Von M. Kempkes, 112 S., 48 Zeichnungen, kart. ●●

Maschinenschreiben
In 10 Tagen spielend gelernt. Von Unterrichtsmedien Hoppius. (7008) Diskette für den C 64 und C 128 PC ●●●●* (7009) für IBM PC + kompatible, ●●●●●* (7010) für Schneider CPC 464, 664, 6128, ●●●●●*

Maschinenschreiben im Selbstunterricht
(0170) Von A. Fonfara, 84 S., kart. ●

Buchführung leicht gemacht
Ein methodischer Grundkurs für den Selbstunterricht. (4238) Von D. Machenheimer, R. Kersten, 252 S., Pappband. ●●●

Buchführung leicht gefaßt
Ein Leitfaden für Handwerker und Gewerbetreibende. (0127) Von R. Pohl. 104 S., kart. ●

Die hier vorgestellten Bücher, Videokassetten und Software sind in folgende Preisgruppen unterteilt:

● Preisgruppe bis DM 10,–/S 79,–/Fr.10
●● Preisgruppe über DM 10,– bis DM 20,– S 80,– bis S 160,– Fr. 10,– bis Fr. 18,70
●●● Preisgruppe über DM 20,– bis DM 30,– S 161,– bis S 240,– Fr. 18,70 bis Fr. 27,70
●●●● Preisgruppe über DM 30,– bis DM 50,– S 241,– bis S 400,– Fr. 27,70 bis Fr. 46,–
●●●●● Preisgruppe über DM 50,–/S 401,–/Fr.46,–
*(unverbindliche Preisempfehlung)

Die Preise entsprechen dem Status beim Druck dieses Verzeichnisses (s. Seite 1) – Änderungen, im besonderen der Preise, vorbehalten –

Stenografie leicht gelernt
im Kursus oder Selbstunterricht.
(0266) Von H. Kaus, 64 S., kart. ●

Erfolgreiche Bewerbung um einen Ausbildungsplatz
(0715) Von H. Friedrich, 136 S., kart. ●●

Die Bewerbung
Der moderne Ratgeber für Bewerbungsbriefe, Lebenslauf und Vorstellungsgespräche. (4138) Von W. Manekeller, 264 S., Pappband. ●●

Lebenslauf und Bewerbung
Beispiele für Inhalt, Form und Aufbau. (0428) Von H. Friedrich, 112 S., kart. ●

Die erfolgreiche Bewerbung
Bewerbung und Vorstellung. (0173) Von W. Manekeller, 156 S., kart. ●

Erfolgreiche Bewerbungsbriefe und Bewerbungsformen
(0138) Von W. Manekeller, U. Schoenwald, 88 S., kart. ●

Vorstellungsgespräche
sicher und erfolgreich führen. (0636) Von H. Friedrich, 144 S., kart. ●

Keine Angst vor Einstellungstests
Ein Ratgeber für Bewerber. (0793) Von Ch. Titze. 120 S., 67 Zeichnungen, kart. ●

FALKEN-Software
Einstellungstests
(7013) Von B. Hoppius, Wendediskette für C 64/C 128 PC, mit Begleitheft, ●●●●*

Die ersten Tage am neuen Arbeitsplatz
Ratschläge für den richtigen Umgang mit Kollegen und Vorgesetzten
(0855) Von H. Friedrich, 104 S., kart. ●

Zeugnisse im Beruf
richtig schreiben, richtig verstehen.
(0544) Von H. Friedrich, 112 S., kart. ●

Erfolgreiche Kaufmannspraxis
Wirtschaftliche Grundlagen, Geld, Kreditwesen, Steuern, Betriebsführung, Recht, EDV. (4046) Von W. Göhler, H. Gölz, M. Heibel, Dr. D. Machenheimer, 544 S., gebunden. ●●●●

So werde ich erfolgreich
Ratschläge und Tips für Beruf und Privatleben. (0918) Von H. Hans, 104 S., kart. ●●

Wege zum Börsenerfolg
Aktien · Anleihen · Optionen
(4275) Von H. Krause, 252 S., 4 s/w-Fotos, 86 Zeichnungen, Pappband. ●●●

FALKEN-Software
Börsenfieber
Spielend spekulieren mit Geld und Aktien
(7016) IBM PC und Kompatible, Diskette 5 1/4'', mit Begleitheft, ●●●●●*

Schülerlexikon der Mathematik
Formeln, Übungen und Begriffserklärungen für die Klassen 5–10. (0430) Von R. Müller, 176 S., 96 Zeichnungen, kart. ●

Mathematik verständlich
Zahlenbereiche Mengenlehre, Algebra, Geometrie, Wahrscheinlichkeitsrechnung, Kaufmännisches Rechnen. (4135) Von R. Müller, 652 S., 10 s/w- und 109 Farbfotos, 802 farbige und 79 s/w-Zeichnungen, über 2500 Beispiele und Übungen mit Lösungen, Pappband. ●●●●●

Mehr Erfolg in der Schule
Mathematik 1
Arithmetik und Algebra
Übungen, Beispiele und Lösungen für die Klasse 5 bis 10
(4420) Von R. Müller-Fonfara, 256 S., 193 Zeichn., 2 s/w-Fotos, Pappband. ●●●

Mathematische Formeln für Schule und Beruf
Mit Beispielen und Erklärungen. (0499) Von R. Müller-Fonfara, 156 S., 210 Zeichnungen, kart. ●

Rechnen aufgefrischt
für Schule und Beruf. (0100) Von H. Rausch, 144 S., kart. ●

Physik verständlich
Förderkurs für die Klassen 7 bis 10
(0926) Von Dr. Th. Neubert, 136 S., 146 s/w-Zeichnungen, 166 Aufgaben, kart. ●●

Richtige Groß- und Kleinschreibung
durch neue, vereinfachte Regeln. Erläuterungen der Zweifelsfragen anhand vieler Beispiele. (0897) Von Prof. Dr. Ch. Stetter, 96 S., kart. ●

Deutsche Grammatik
Ein Lern- und Übungsbuch. (0704) Von K. Schreiner, 112 S., kart. ●

Mehr Erfolg in der Schule
Deutsche Rechtschreibung und Grammatik
Übungen und Beispiele für die Klassen 5–10. (4407) Von K. Schreiner, 256 S., durchgehend zweifarbig, Pappband. ●●●

Richtiges Deutsch
Rechtschreibung · Zeichensetzung · Grammatik · Stilkunde. (0551) Von K. Schreiner, 128 S., 7 Zeichnungen, kart. ●

Mehr Erfolg in der Schule
Der Deutschaufsatz
Übungen und Beispiele für die Klassen 5–10. (4271) Von K. Schreiner, 240 S., 4 s/w-Fotos, 51 Zeichnungen, Pappband. ●●●

Aufsätze besser schreiben
Förderkurs für die Klassen 4–10. (0429) Von K. Schreiner, 144 S., 4 s/w-Fotos, 27 Zeichnungen, kart. ●

Mehr Erfolg in Schule und Beruf
Besseres Deutsch
Mit Übungen und Beispielen für Rechtschreibung, Diktate, Zeichensetzung, Aufsätze, Grammatik, Literaturbetrachtung, Stil, Briefe, Fremdwörter, Reden. (4115) Von K. Schreiner, 444 S., 7 s/w-Fotos, 27 Zeichnungen, Pappband. ●●●

Richtige Zeichensetzung
durch neue, vereinfachte Regeln. Erläuterungen der Zweifelsfragen anhand vieler Beispiele. (0744) Von Prof. Dr. Ch. Stetter, 160 S., kart. ●

Diktate besser schreiben
Übungen zur Rechtschreibung für die Klasse 4–8. (0469) Von K. Schreiner, 152 S., 31 Zeichnungen, kart. ●

Besseres Englisch
Grammatik und Übungen für die Klassen 5 bis 10. (0745) Von E. Henrichs, 144 S., kart. ●●

FALKEN-Software
The Grammar-Master
Englische Grammatik üben und beherrschen. (7002) Diskette für den C 64/C 128 PC ●●●●*

FALKEN-Software
Take a Trip to Britain
(7004) Von reLine, Diskette für C 64/C 128 PC, mit Begleitheft. ●●●●*

FALKEN-Software
Vokabeltrainer Englisch
Von B. Hoppius. (7001) 2 Disketten für C 64/C 128 PC, mit Begleitheft. ●●●●●*
(7007) Wendediskette für Atari ST 520/1040, mit Begleitheft. ●●●●●*

Schnell und sicher zum Führerschein
Tips und Tricks aus 30jähriger-Fahrschul-Praxis. (0921) Von O. Einert, 152 S., 156 Farbfotos, 161 z.T. farb. Zeichnungen, kart. ●●

FALKEN-Software
Schnell und sicher zum Führerschein
Intensivtraining mit dem amtlichen Fragenkatalog
(7011) Diskette für C 64/C 128 PC, mit Begleitheft und Fragenkatalog. ●●●●●*

Videokassette
Gesund durch Gedankenenergie
Heilung im gemeinsamen Kraftfeld
(6035) VHS, 45 Min., in Farbe ●●●●●*

Die neue Lebenshilfe **Biorhythmik**
Höhen und Tiefen der persönlichen Lebenskurven vorausberechnen und danach handeln. (0458) Von W. A. Appel, 157 S., 63 Zeichnungen, Pappband. ●●

Die neuen Erkenntnisse zum Biorhythmus
Individuelle Rhythmogramme für Berufserfolg und Gesundheit, Partnerschaft und Freizeit, Beilage: Tagesformplaner.
(4276) Von H. Bott, 144 S., 35 s/w-Zeichnungen, Pappband. ●●●

So deutet man Träume
Die Bildersprache des Unbewußten. (0444) Von G. Haddenbach, 120 S., kart. ●

Wie Sie im Schlaf das Leben meistern
Schöpferisch träumen
Der Klartraum als Lebenshilfe.
(4258) Von Prof. D. P. Tholey, K. Utecht. 256 S., 1 s/w-Foto, 20 Zeichn., Pbd. ●●●

Frauenträume – Männerträume
und ihre Bedeutung (4198) Von G. Senger, 272 S., mit Traumlexikon, Pappband. ●●●

Falken-Handbuch **Astrologie**
Charakterkunde · Schicksal · Liebe und Beruf · Berechnung und Deutung von Horoskopen · Aszendenttabelle. (4068) Von B.A. Mertz, 342 S., mit 60 erläuternden Grafiken, Pappband. ●●●

Die Magie der Zahlen
So nutzen Sie die Geheimnisse der Numerologie für ihr persönliches Glück mit dem völlig neuen Planetennumeroskop
(4242) Von B.A. Mertz, 224 S., 36 Abbildungen, Pappband. ●●●

I Ging der Liebe
Das altchinesische Orakel für Partnerschaft und Ehe. (4244) Von G. Damian-Knight, 320 S., 64 s/w-Zeichn., Pappband. ●●●

Wahrsagen mit Tarot-Karten
(0482) Von E.J. Nigg, 112 S., 4 Farbtafeln, 52 s/w-Abb., Pappband. ●●

Falken-Handbuch **Kartenlegen**
Wahrsagen mit Tarot-, Skat-, Lenormand- und Zigeunerblättern.
(4226) Von B.A. Mertz, 288 S., 38 Farb- und 108 s/w-Abb. Pappband. ●●●●

Die hier vorgestellten Bücher, Videokassetten und Software sind in folgende Preisgruppen unterteilt:

● Preisgruppe bis DM 10,–/S 79,–/Fr.10
●● Preisgruppe über DM 10,– bis DM 20,– S 80,– bis S 160,– Fr. 10,– bis Fr. 18,70
●●● Preisgruppe über DM 20,– bis DM 30,– S 161,– bis S 240,– Fr. 18,70 bis Fr. 27,70
●●●● Preisgruppe über DM 30,– bis DM 50,– S 241,– bis S 400,– Fr. 27,70 bis Fr. 46,–
●●●●● Preisgruppe über DM 50,–/S 401,–/Fr.46,–
*(unverbindliche Preisempfehlung)

Die Preise entsprechen dem Status beim Druck dieses Verzeichnisses (s. Seite 1) – Änderungen, im besonderen der Preise, vorbehalten –

Weissagen, Hellsehen, Kartenlegen ...
Wie jeder die geheimen Kräfte ergründen und für sich nutzen kann. (4153) Von G. Haddenbach, 192 S., 40 Zeichnungen, Pappband. ●●

Selbst Wahrsagen mit Karten
Die Zukunft in Liebe, Beruf und Finanzen. (0404) Von R. Koch, 80 S., 252 Abb., Pappband. ●●

Was sagt uns das Horoskop?
Praktische Einführung in die Astrologie. (0655) Von B.A. Mertz, 176 S., 25 Zeichnungen, kart. ●

Die 12 Tierzeichen im chinesischen Horoskop
(0423) Von G. Haddenbach, 128 S., Pappband. ●

Aztekenhoroskop
Deutung von Liebe und Schicksal nach dem Aztekenkalender. (0543) Von C.-M. und R. Kerler, 160 S., 20 Zeichnungen, Pappband. ●

Das Super-Horoskop
Der neue Weg zur Deutung von Charkter, Liebe und Schicksal nach chinesischer und abendländischer Astrologie. (0465) Von G. Haddenbach, 175 S., kart. ●

Die 12 Sternzeichen
Charakter, Liebe und Schicksal. (0385) Von G. Haddenbach, 160 S., Pappband. ●●

Liebeshoroskop für die 12 Sternzeichen
Alles über Chancen, Beziehungen, Erotik, Zärtlichkeit, Leidenschaft. (0587) Von G. Haddenbach, 144 S., 11 Zeichnungen, kart. ●

Sternstunden
für Liebe, Glück und Geld, Berufserfolg und Gesundheit. Das ganz persönliche Mitbringsel für **Widder** (0621), **Stier** (0622), **Zwillinge** (0623), **Krebs** (0624), **Löwe** (0625), **Jungfrau** (0626), **Waage** (0627), **Skorpion** (0628), **Schütze** (0629), **Steinbock** (0630), **Wassermann** (0631), **Fische** (0632) Von L. Cancer, 62 S., durchgehend farbig, Zeichnungen, Pappband. ●

Humor und Unterhaltung

Heitere Vorträge
(0528) Von E. Müller, 128 S., 14 Zeichnungen, kart. ●

Die große Lachparade
Neue Texte für heitere Vorträge und Ansagen. (0188) Von E. Müller, 80 S., kart. ●

So feiert man Feste fröhlicher
Heitere Vorträge und Gedichte. (0098) Von Dr. Allos, 96 S., 15 Abb., kart. ●

Heitere Vorträge und witzige Reden
Lachen, Witz und gute Laune. (0149) Von E. Müller, 104 S., 44 Abb., kart. ●

Vergnügliches Vortragsbuch
(0091) Von J. Plaut, 192 S., kart. ●

Lustige Vorträge für fröhliche Feiern
(0284) Von K. Lehnhoff, 96 S., kart. ●

Da lacht das Publikum
Neue lustige Vorträge für viele Gelegenheiten. (0716) Von H. Schmalenbach, 96 S., kart. ●

Und wieder lacht das Publikum
Neue Vorträge und Sketche (0982) Von H. Schmalenbach, 112 S., kart. ●

Humor und gute Laune
Ein heiteres Vortragsbuch. (0635) Von G. Wagner, 112 S., 5 Zeichnungen, kart. ●

Humor und Stimmung
Ein heiteres Vortragsbuch. (0460) Von G. Wagner, 112 S., kart. ●

Gereimte Vorträge
für Bühne und Bütt. (0567) Von G. Wagner, 96 S., kart. ●

Narren in der Bütt
Leckerbissen aus dem rheinischen Karneval. (0216) Zusammengestellt von T. Lücker, 112 S., kart. ●

Damen in der Bütt
Scherze, Büttenreden, Sketche. (0354) Von T. Müller, 136 S., kart. ●

Rings um den Karneval
Karnevalsscherze und Büttenreden. (0130) Von Dr. Allos, 144 S., 2 Zeichnungen, kart. ●●

Wir feiern Karneval
Festgestaltung und Reden für die närrische Zeit. (0904) Von M. Zweigler, 120 S., 7 Zeichnungen, kart. ●

Helau und Allaf 1
Närrisches aus der Bütt. (0304) Von E. Müller, 112 S., 4 Zeichnungen, kart. ●

Helau und Allaf 2
Neue Büttenreden für Sie und Ihn. (0477) Von E. Luft, 96 S., kart. ●

Helau und Allaf 3
Neue Reden für die Bütt. (0832) Von H. Fauser, 112 S., 13 Zeichnungen, kart. ●

Helau und Alaaf 4
Neue Büttenreden für Sie und Ihn (0983) Hrsg. H. Fauser, 96 S., 15 s/w-Zeichn., zahlreiche Vignetten, kart. ●

Locker vom Hocker
Witzige Sketche zum Nachspielen. (4262) Von W. Giller, 144 S., 41 Zeichnungen, Pappband. ●●

Sketche und Blackouts zum Nachspielen
(0941) Von E. Cohrs, 112 S., 12 Zeichnungen, kart. ●

Sketche und spielbare Witze
für bunte Abende und andere Feste. (0445) Von H. Friedrich, 112 S., 7 Zeichnungen, kart. ●

Sketche
Kurzspiele zu amüsanter Unterhaltung. (0247) Von M. Gering, 132 S., 16 Abb., kart., ●

Vorhang auf!
Neue Sketche für jung und alt. (0898) Von H. Pillau, 96 S., 22 Zeichnungen, kart. ●

Fidele Sketche und heitere Vorträge
Humor zum Nachspielen. (0157) Von H. Ehnle. 96 S., kart. ●

Witzige Sketche zum Nachspielen
(0511) Von D. Hallervorden, 112 S., kart. ●●

Tolle Sketche
mit zündenden Pointen – zum Nachspielen. (0656) Von E. Cohrs, 112 S., kart. ●

Vergnügliche Sketche
(0476) Von H. Pillau, 96 S., 7 Zeichn., kart. ●

Lustige Sketche
Kurze Theaterstücke für Jungen und Mädchen (0669) Von U. Lietz, U. Lange, 96 S., kart. ●

Spielbare Witze für Kinder
(0824) Von H. Schmalenbach, 112 S., 30 Zeichnungen, kart. ●

Phantasievolles Schminken
Verzauberte Gesichter für Maskeraden, Laienspiel und Kinderfeste. (0907) Hrsg. Von Y. u. H. Nadolny, 64 S., 227 Farbf., kart. ●●

Das große Hausbuch des Humors
(4421) Hrsg. Von E. Heinold, R. Kempowski, 512 S., 286 Abbildungen, Pappband. ●●●

Witze
Lachen am laufenden Band (4241) Von J. Burkert, D. Kroppach; 400 S., 41 Zeichnungen, Pappband. ●●

Die besten Witze und Cartoons des Jahres 5
(0642) Hrsg. Von K. Hartmann, 288 S., 88 Zeichnungen, Pappband. ●●

Die besten Witze und Cartoons des Jahres 6
(0916) Hrsg. Von D. Kroppach, 288 S., 84 Zeichnungen, Pappband. ●●

Die besten Witze und Cartoons des Jahres 7
(0986) Von V.K. Stranimaier, L. Spangler, 288 S., 93 Cartoons, Pappband. ●●

Die besten Kalauer
(0705) Von K. Frank, 112 S., 12 Zeichnungen, kart. ●

Fred Metzlers Witze mit Pfiff
(0368) Von F. Metzler, 112 S., kart. ●

Robert Lembkes Witzauslese
(0325) Von Robert Lembke, 160 S., 10 Zeichnungen von E. Köhler, Pappband. ●●

Die besten Beamtenwitze
(0574) Von W. Pröve, 80 S., 39 Zeichnungen, kart. ●

Horror zum Totlachen
Gruselwitze
(0536) Von F. Lautenschläger, 96 S., 44 Zeichnungen, kart. ●

Herrenwitze
(0589) Von G. Wilhelm, 112 S., 31 Zeichnungen, kart. ●

O frivol ist mir am Abend
Pikante Witze von Fred Metzler. (0388) Von F. Metzler, 128 S., mit Karikaturen, kart. ●

Witze am laufenden Band
(0461) Von F. Asmussen, 118 S., kart. ●

Die besten Ostfriesenwitze
(0495) Von O. Freese, 80 S., 15 Zeichnungen, kart. ●

Spaßvögel
Über sexhundert komische Nummern. (0888) Von E. Zeller, mit Limericks Von W. Müller, 220 S., 200 Vignetten, kart. ●

Total bescheuert
Kinder- und Schülerwitze. (0889) Von G. Geßner und E. Zeller, 220 S., 200 Vignetten, kart. ●

Die hier vorgestellten Bücher, Videokassetten und Software sind in folgende Preisgruppen unterteilt:

- ● Preisgruppe bis DM 10,–/S 79,–/Fr.10
- ●● Preisgruppe über DM 10,– bis DM 20,– S 80,– bis S 160,– Fr. 10,– bis Fr. 18,70
- ●●● Preisgruppe über DM 20,– bis DM 30,– S 161,– bis S 240,– Fr. 18,70 bis Fr. 27,70
- ●●●● Preisgruppe über DM 30,– bis DM 50,– S 241,– bis S 400,– Fr. 27,70 bis Fr. 46,–
- ●●●●● Preisgruppe über DM 50,–/S 401,–/Fr.46,–

*(unverbindliche Preisempfehlung)

Die Preise entsprechen dem Status beim Druck dieses Verzeichnisses (s. Seite 1) – Änderungen, im besonderen der Preise, vorbehalten –

Heiler Wahnwitz
(0887) Von D. Kroppach, 220 S., 200 Vignetten, kart. ●

Die Kleidermotte ernährt sich von nichts, sie frißt nur Löcher
Stilblüten, Sprüche und Widersprüche aus Schule, Zeitung, Rundfunk und Fernsehen. (0738) Von P. Haas, D. Kroppach, 112 S., zahlreiche Abb. kart. ●

Witzig, witzig
(0507) Von E. Müller, 128 S., 16 Zeichnungen, kart. ●

Die besten Kinderwitze
(0757) Von K. Rank, 112 S., 28 Zeichnungen, kart. ●

Ich lach mich kaputt! Die besten Kinderwitze
(0545) Von E. Hannemann, 96 S., 10 Zeichnungen, kart. ●

Lach mit!
Witze für Kinder, gesammelt von Kindern. (0468) Von W. Pröve, 96 S., 17 Zeichnungen, kart. ●

Spiele und Denksport

Kartenspiele
(2001) Von C.D. Grupp, 144 S., kart. ●

Neues Buch der siebzehn und vier Kartenspiele
(0095) Von K. Lichtwitz, 96 S., kart. ●

Alles über Pokern
Regeln und Tricks. (2024) Von C.D. Grupp, 112 S., 29 Kartenbilder, kart. ●

Rommé und Canasta
in allen Variationen. (2025) Von C.D. Grupp, 88 S., 24 Zeichnungen, kart. ●

Schafkopf, Doppelkopf, Binokel, Cego, Tarock und andere Stammtischspiele. (2015) Von C.D. Grupp, 112 S., kart. ●●

Black Jack
Regeln und Strategien des Kasinospiels. (2032) Von K. Kelbratowski, 88 S., kart. ●

Das Skatspiel
Eine Fibel für Anfänger. (0206) Von K. Lehnhoff, 96 S., kart. ●

Spielend Skat lernen
unter freundlicher Mitarbeit des Deutschen Skatverbandes. (2005) Von Th. Krüger, 156 S., 181 s/w-Fotos, 22 Zeichn., kart. ●

Falken-Handbuch **Patiencen**
Die 111 interessantesten Auslagen. (4151) Von U.v.Lyncker, 216 S., 108 Abbildungen, Pappband. ●●●

Patiencen
in Wort und Bild. (2003) Von I. Wolter-Rosendorf, 120 S., kart. ●

Neue Patiencen
(2036) Von H. Sosna, 160 S., 43 Farbtafeln, kart. ●●

Herausforderung im Bridge
200 Aufgaben mit Lösungen. (2033) Von V. Mollo, 152 S., kart. ●●

Falken-Handbuch **Bridge**
Von den Grundregeln zum Turnierspiel. (4092) Von W. Voigt und K. Ritz, 280 S., 792 Zeichnungen, gebunden. ●●●●

Spielend Bridge lernen
(2012) Von J. Weiss, 96 S., 58 Zeichnungen, kart. ●

Präzisions-Treff im Bridge
(2037) Von E. Jannersten, 152 S., kart. ●●

Spieltechnik im Bridge
(2004) Von V. Mollo und N. Gardener, deutsche Adaption Von D. Schröder, 152 S., kart. ●●

Besser Bridge spielen
Reiztechnik, Spielverlauf und Gegenspiel. (2026) Von J. Weiss, 144 S., 60 Diagramme, kart. ●●

Kartentricks
(2010) Von T.A. Rosee, 80 S., 13 Zeichnungen, kart. ●

Neue Kartentricks
(2027) Von K. Pankow, 104 S., 20 Abb., kart. ●

Das japanische Brettspiel Go
(2020) Von W. Dörholt, 104 S., 182 Diagramme, kart. ●

Mah-Jongg
Das chinesische Glücks-, Kombinations- und Gesellschaftsspiel. (2030) Von U. Eschenbach, 80 S., 30 s/w-Fotos, 5 Zeichn., kart. ●

Backgammon
für Anfänger und Könner. (2008) Von G.W. Fink und G. Fuchs, 104 S., 41 Abb., kart. ●

Das Backgammon-Handbuch
(4422) Von E. Heyken, M.B. Fischer, 232 S., 400 Abbildungen, Pappband. ●●●●

Würfelspiele
für jung und alt. (2007) Von F. Pruss, 112 S., 21 s/w-Zeichnungen, kart. ●

Roulette richtig gespielt
Systemspiele, die Vermögen brachten. (0121) Von M. Jung, 96 S., zahlreiche Tabellen, kart. ●

Spielend Roulette lernen
(2034) Von E.P. Caspar, 152 S., 1 s/w-Foto, 45 Zeichnungen, kart. ●●

Gesellschaftsspiele
für drinnen und draußen. (2006) Von H. Görz, 112 S., kart. ●

Spiele für Party und Familie
(2014) Von Rudi Carrell, 80 S., 22 Zeichnungen kart. ●

Neue Spiele für ihre Party
(2022) Von G. Blechner, 120 S., 54 Zeichnungen, kart. ●

Lustige Tanzspiele und Scherztänze
für Partys und Feste. (0165) Von E. Bäulke, 80 S., 53 Abb. kart. ●

Magische Zaubereien
(0672) Von W. Widenmann, 64 S., 31 Zeichnungen, kart. ●

Zaubertricks für jedermann
(0282) Von J. Merlin, 176 S., 113 Abb., kart. ●●

Zaubern
einfach – aber verblüffend. (2018) Von D. Bouch, 84 S., 41 Zeichnungen, kart. ●

Scherzfragen, Drudel und Blödeleien
gesammelt von Kindern. (0506) Hrsg. von W. Pröve, 80 S., 57 Zeichnungen, kart. ●

Kinderspiele
die Spaß machen. (2009) Von H. Müller-Stein, 104 S., 28 Abb., kart. ●

Spiele für Kleinkinder
(2011) Von D. Kellermann, 80 S., 23 Abb., kart. ●

Spiel und Spaß am Krankenbett
für Kinder und die ganze Familie. (2035) Von H. Bücken, 96 S., 97 Zeichnungen, kart. ●

Guten Tag, Kinder!
Neue Texte mit Spielanleitungen fürs Kasperletheater. (0861) Von U. Lietz, 96 S., 18 s/w-Zeichnungen, kart. ●

Kasperletheater
Spieltexte und Spielanleitungen · Basteltips für Theater und Puppen. (0641) Von U. Lietz, 114 S., 4 Farbtafeln, 12 s/w-Fotos, 39 Zeichnungen, kart. ●

Kindergeburtstage, die keiner vergißt
Planung, Gestaltung, Spielvorschläge. (0698) Von G. und G. Zimmermann, 104 S., 80 Vignetten, kart. ●

Kindergeburtstag
Vorbereitung, Spiel und Spaß. (0287) Von Dr. I. Obrig, 136 S., 40 Abb., 11 Zeichnungen, 9 Lieder mit Noten, kart. ●

Kinderfeste
daheim und in Gruppen. (4033) Von G. Blechner, 240 S., 320 Abb., kart. ●●

Das Geheimnis der magischen Ringe
Alles über das Puzzle vom Würfel-Erfinder. Die schönsten Figuren. (0878) Von Dr. Ch. Bandelow, 96 S., 198 Zeichnungen, 8 Cartoons, kart. ●

Die schnellste Lösung und zahllose Varianten
Rubik's C·L·O·C·K™
Genehmigte Ausgabe
(1019) Von J. Trajber, 64 S., 149 Zeichnungen, kart. ●

Knobeleien und Denksport
(2019) Von K. Rechberger, 142 S., 105 Zeichnungen, kart. ●

Quiz
Mehr als 1500 ernste und heitere Fragen aus allen Gebieten. (0129) Von R. Sautter und W. Pröve, 92 S., 9 Zeichnungen, kart. ●

Das Super-Kreuzwort-Rätsel-Lexikon
Über 150.000 Begriffe. (4279) Von H. Schiefelbein, 688 S., Pappband. ●●

500 Rätsel selberraten
(0681) Von E. Krüger, 272 S., kart. ●

501 Rätsel selberraten
(0711) Von E. Krüger, 272 S., kart. ●

Riesen-Kreuzwort-Rätsel-Lexikon
über 250.000 Begriffe. (4197) Von H. Schiefelbein, 1024 S., Pappband. ●●●

Die hier vorgestellten Bücher, Videokassetten und Software sind in folgende Preisgruppen unterteilt:

- ● Preisgruppe bis DM 10,–/S 79,–/Fr.10
- ●● Preisgruppe über DM 10,– bis DM 20,– S 80,– bis S 160,– Fr. 10,– bis Fr. 18,70
- ●●● Preisgruppe über DM 20,– bis DM 30,– S 161,– bis S 240,– Fr. 18,70 bis Fr. 27,70
- ●●●● Preisgruppe über DM 30,– bis DM 50,– S 241,– bis S 400,– Fr. 27,70 bis Fr. 46,–
- ●●●●● Preisgruppe über DM 50,–/S 401,–/Fr.46,–

*(unverbindliche Preisempfehlung)

Die Preise entsprechen dem Status beim Druck dieses Verzeichnisses (s. Seite 1) – Änderungen, im besonderen der Preise, vorbehalten –

Computer-Bücher und Software

FALKEN Computer Lexikon
(4185) 312 S., 173 s/w-Fotos, Pbd. ●●●

Computer-Grundwissen
Eine Einführung in Funktion und Einsatzmöglichkeiten. (4302) Von W. Bauer, 176 Seiten, 193 Farb- und 12 s/w-Fotos, 37 Computergrafiken, kart. ●●● (4301) Pbd. ●●●●

Grundwissen Informationsverarbeitung
(4314) Von H. Schiro, 312 S., 59 s/w-Fotos, 133 s/w-Zeichnungen, Pappband. ●●●●●

Computergrafik
Von den Grundlagen bis zum perfekten 3 D-Programm. (4319) Von A. Brück, 296 S., 20 Farbtafeln, 180 s/w-Grafiken, 50 s/w-Zeichn., 83 Listings, Pappband. ●●●●●

Die tägliche PC-Praxis
Anwendungshilfen, Programme und Erweiterungen für MS-DOS-Computer
(4322) Von A. Görgens, 224 S., 25 Abbildungen, kart. ●●●●

Microsoft Word
Textverarbeitung, MailMerge und Desktop Publishing im Selbststudium
Für alle Versionen bis 4.0
(4328) Von A. Görgens, 160 S., 120 Abbildungen, kart. ●●●●

WORDSTAR 2000
Textverarbeitung für Einsteiger und Profis
Mit erprobten Anwendungen aus der Praxis.
(4317) Von D. Nasser, 200 S., 9 s/w-Fotos, 3 Zeichnungen, kart. ●●●●●

dBase III
Einführung für Einsteiger und Nachschlagewerk für Profis. (4310) Von J. Brehm, G.A. Karl, 211 S., 23 Abb., kart. ●●●●●

dBASE III PLUS dBASE IV
Der einfache Weg zur individuell programmierten Datenbank
Mit Tutor-Diskette
(4326) Von P. Vogel, Th. Kregeloh, M. Hofmann, 272 S., 63 Abb., kart. ●●●●●

Open Access II
Textverarbeitung, Kalkulation und Datenverarbeitung im Selbststudium
(4327) Von A. Görgens, 184 S., 108 Abbildungen, kart. ●●●●

Textverarbeitung mit Home- und Personal-Computern
Systeme – Vergleiche – Anwendungen.
(4316) Von A. Görgens, 128 S., 49 s/w-Fotos, kart. ●●●●

Drucker und Plotter
Text und Grafik für Ihren Computer.
(4315) Von K.-H. Koch, 192 S., 12 Farbtafeln, 5 s/w-Fotos, kart. ●●●●

WordStar Praxis professionell
Für die Versionen 3.4/3.45/4.0
Erweiterungen · Praxis-Tips · Datenaustausch · Desktop Publishing. (4324) Von A. Görgens, 172 S., 2 s/w-Fotos, 2 s/w- Zeichnungen, 116 s/w-Grafiken, kart. ●●●●

Desktop Publishing
Setzen und Drucken auf dem Schreibtisch.
(4323) Von A. Görgens, 120 S., 11 s/w-Fotos, 72 Zeichnungen, kart. ●●●

Einführung in die Programmiersprache BASIC.
(4303) Von S. Curran und R. Curnow, 192 S., 92 Zeichnungen, kart. ●●

Intelligenz in BASIC
für Schneider CPC 464/664/6128. Mit Diskette 3''. (4320) Von K.-H. Koch, 160 S., 14 Zeichnungen, kart. ●●●●●

Garantiert BASIC lernen mit dem C 128
Mit komplettem Kurs-Diskette
(4321) Von A. Görgens, 288 S., 4 s/w-Fotos, 83 Zeichnungen, kart. ●●●●

Lernen mit dem Computer.
(4304) Von S. Curran und R. Curnow, 144 S., 34 Zeichnungen, Spiralbindung, ●●

Heimcomputer-Bastelkiste
Messen, Steuern, Regeln mit C 64-, Apple II-, MSX-, TANDY-, MC-, Atari- und Sinclair-Computern. (4309) Von G.A. Karl, 256 S., 160 Zeichnungen, kart. ●●●●

Schach mit dem Computer
(0747) Von D. Frickenschmidt, 140 S., 112 Diagramme, 29 s/w-Fotos, 5 Zeichnungen, kart. ●●

Bestellschein

Erfüllungsort und Gerichtsstand für Vollkaufleute ist der jeweilige Sitz der Lieferfirma. Für alle übrigen Kunden gilt dieser Gerichtsstand für das Mahnverfahren. Falls durch besondere Umstände Preisänderungen notwendig werden, erfolgt Auftragserledigung zu dem bei der Lieferung gültigen Preis.
Ich bestelle hiermit aus dem Falken-Verlag GmbH, Postfach 11 20, D-6272 Niedernhausen/Ts., durch die Buchhandlung:

Ex. ______________________

Ex. ______________________

Ex. ______________________

Ex. ______________________

Name: ______________________

Straße: ______________________ Ort: ______________________

Datum ______________________ Unterschrift: ______________________

Die hier vorgestellten Bücher, Videokassetten und Software sind in folgende Preisgruppen unterteilt:

- ● Preisgruppe bis DM 10,–/S 79,–/Fr.10
- ●● Preisgruppe über DM 10,– bis DM 20,–, S 80,– bis S 160,–, Fr. 10,– bis Fr. 18,70
- ●●● Preisgruppe über DM 20,– bis DM 30,–, S 161,– bis S 240,–, Fr. 18,70 bis Fr. 27,70
- ●●●● Preisgruppe über DM 30,– bis DM 50,–, S 241,– bis S 400,–, Fr. 27,70 bis Fr. 46,–
- ●●●●● Preisgruppe über DM 50,–/S 401,–/Fr.46,–

*(unverbindliche Preisempfehlung)

Die Preise entsprechen dem Status beim Druck dieses Verzeichnisses (s. Seite 1) – Änderungen, im besonderen der Preise, vorbehalten –